갓산에 담다

# 홍차의 비밀

## 세계의 홍차 향기를 찻잔에 담다

최고의 차 전문가 최성희 교수가 알려주는
세계 홍차 식품백과!

글·사진 최성희
추천 고연미

중앙생활사

## 추천사

차 향기 성분의 대가인 최성희 교수님께서 홍차의 향기 성분을 주제로 책을 출간하셨다. 교수님은 향기 성분의 불모지였던 우리나라에 이를 알리고 탁월한 연구 성과를 지속해오신 분이다. 또 한국의 대표적인 차 관련 학회인 한국차학회 회장직을 수행하면서 자연과학과 인문과학의 통섭에 대한 남다른 안목을 가지고 지금까지 차 연구를 해오셨다.

교수님의 귀감이 되는 근면과 타인에 대한 배려는 차 연구자들에게 좋은 영향을 미치고 있다. 특히 젊은 차 연구자들과 호흡하기를 좋아하시고, 후학들이 도약할 수 있도록 늘 따뜻하게 격려하셔서 교수님과 인연을 맺은 분들은 오랫동안 함께 일을 하고 싶어 한다. 필자도 그 소중한 만남을 지속하고 싶어 하는 사람들 중 한 사람이다.

보통 추천사는 전문성을 갖춘 존경을 받을 만한 연배의 사람이 쓰는 것이 통례이다. 필자처럼 저자의 학문성이나 연배에 한참 미치지 못한 이가 추천사를 쓰는 예는 거의 찾아보기 힘들다. 이 책을 쓰신 교수님은 이런 쉽지 않은 제안을 할 정도로 격식에 구애됨 없이 여러 분야 사람들과 소통을 이루며 살아온 분이다.

인문학 연구자나 일반 독자들은 실험을 통한 이화학적 분석에 대해 어렵다는 선입견이 있어서 용어부터 장벽에 부딪히곤 한다. 그런데 이번에 출간된 이 책은 차의 향기화합물을 꽃 향, 과일 향, 나무 향 등으로 묘사해 독자층 모두 쉽게 이해할 수 있도록 구성된 장점을 지니고 있다.

쉽게 읽을 수 있게 구성된 책이지만 쉽게 세상에 나온 책은 아니다. 교수님께서는 여러 해에 걸쳐 세계 차산지와 차명소를 탐방하고, 대부분 현지에서 구한 차로 품평을 해오셨다. 이러한 과정을 사진에 담아 전해주셨기 때문에 그 노고를 잘 알고 있었는데, 그 탐구와 열정을 이렇게 지면으로 다시 만날 수 있게 되어 반갑고 또 다행이라 생각한다.

이 책의 독자들은 다음 세 가지 즐거움을 느낄 수 있을 것이다.

홍차 시료를 구한 세계 각 지역의 차에 관한 생생한 현장 이야기를 읽을 수 있다. 서양 홍차를 대변하는 인도·스리랑카를 넘어 아시아, 아프리카 그리고 중동 홍차의 현주소까지 전해 들을 수 있다. 이에 더하여 녹차가 주생산국인 우리나라 차의 향기를 제주, 보성, 정읍산 홍차를 통해 확인함으로써 세계 속의 한국 홍차를 마주하게 될 것이다.

홍차의 향기화합물을 게재하고 이를 종합하여 Top 10을 선정한 표는 세계 각국 홍차 향의 특징을 한눈에 읽을 수 있다. 등급에 따라 다소 차이는 있지만 인도·스리랑카 차의 향기화합물은 리나롤(은방울꽃, 감귤류 향)이 돋보였고, 우리나라 홍차에서는 네롤리돌(백합꽃, 사과, 나무 향)과 제라니올(장미꽃 향)이 높게 나타났다. 이러한 화합물의 묘사는 이해하기 쉬워서 생활 속에 차의 향기를 음미하고 적용해볼 수 있는 길잡이 역할을 해줄 것으로 보인다.

세계 각국을 대표하는 다양한 문양과 독특한 디자인의 찻잔에 담긴 홍차의 싱그러운 색채는 한정된 지면이 못내 아쉬울 정도로 아름답다. 특히 오렌지빛 탕색에서 찻잔의 숨겨진 이야기가 있는 테니스 세트까지 거의 전면에 이미지를 싣고 있어서 홍차에 대해 알고 싶은 초심자뿐 아니라 차 연구자에게도 시각적 심미성을 선사하리라 생각한다.

홍차의 이화학과 인문학이 교감을 이루도록 편집된 이 책은 차 향기에 관한 전문 지식과 실제적인 찻잔 세팅을 겸해서 독자의 마음을 사로잡으리라 생각한다. 그동안 차를 마시면서 이름 모를 향을 즐겼던 독자들이라면 이 책은 이름 있는 향이 담긴 한 잔의 홍차에 매료될 시간을 몇 배 더해줄 것이라 확신한다.

한국차학회 편집위원장

고연미

## 책머리에

20여 년 전《우리 차 세계의 차 바로 알고 마시기》라는 차에 관한 책을 처음 출간했고 2002년 개정판, 2013년 개정판 5쇄까지 가면서 독자들에게 과분한 사랑을 받았다. 차 연구에 접근하는 방법이 필자와 다르지만 꾸준히 차를 연구하고 사랑하며 한국발효차연구소를 운영하는 박희준 소장님은 "제 개인적인 느낌으로는 장황한 설명이 아니고 공부하기 쉽게 딱딱 끊어지는 교과서 같은 느낌이 있지만 오히려 그 점이 더 쉽게 와닿더군요. 더불어 세계의 차들이 함께 실려 있어서 많은 정보를 접할 수 있었습니다. 다른 분들께도 도움이 되었으면 좋겠네요"라고 필자 책을 2003년 한 카페에 소개했다. 그 당시에는 그분이 누구인지 몰랐다.

2015년에는 그동안 더 연구한 내용에 컬러사진을 보완하고 제목도 바꿔《힐링 라이프 키워드 우리 차 세계의 차》로 다시 개정증보판을 출간했다. 서울에 사는 한 독자는 교회에 책을 가지고 가서 하나님 앞에 사인을 하고 좋은 책을 주셔서 감사하다고 기도했다면서 이런 책은 오랫동안 마음에 담고 바이블처럼 가까이 두고 보겠다는 극찬을 해주셨다. 이 두 분의 글은 필자에게 기쁨만 준 것이 아니다. 다음에 다시 책을 출간한다면 더 쉽게, 더 알차게 하겠다는 다짐을 하게 만들었다. 그래서 이번에는 완전히 탈바꿈을 시도하는 의미에서 이 책을 쓰게 되었다.

차류의 향미성분과 기능성에 관한 과학적 분석을 수십 년간 해왔다. 최근 몇 년 동안은 홍차의 향미성분을 분석해왔는데, 우연한 기회에 홍차 찻잔과 차도구 등에도 관심을 가지게 되었다. 홍차 향기가 단순하지 않듯 홍차 차도구도 매우 다양하여 지금까지 필자 영역으로는 생각하지 않았던 차도구 관련 공부를 속성으로 하게 되었다. 국내외의 전문서적을 읽고 다른 사람의 관련 블로그도 많이 보았다.

홍차에 관한 책을 집필하고자 마음먹고 있을 때 국내에도 홍차 관련 전문서적이 쏟아져 나왔고 차인들이나 일반 소비자들도 홍차에 관심이 많다는 것을 알게 되었다. 홍차 전문서적을 살펴보면 비슷한 내용이 반복되는 것이 많다. 관심 있는 사람들은 어느 책이든 한 권은 사보겠다는 생각이 들 테니 굳이 필자까지 비슷한 내용으로 책을 낼 필요는 없겠다는 생각을 했다.

필자만의 특색 있는 홍차 책이 되려면 어떤 내용을 담아야 할까? '왜 무엇 때문에 홍차가 좋은지 명쾌하게 답해줄 수 있는 책을 쓰자.' 그래서 차류의 기호도에 가장 큰 영향을 미치는 '홍차의 향기 성분을 필자가 연구해온 결과를 바탕으로 설명하자'는 생각에 이르렀다. PART 1에서부터 향기 성분이 나오니 독자들에게 다소 어렵게 느껴지는 점도 있겠지만 홍차를 더 깊이 이해할 수 있도록 이것을 집중적으로 실어보기로 했다.

필자가 수십 년간 해온 일이지만 향기를 분석하는 것은 단순하지 않다. 시료 한 개당 수십 종류의 향기 성분이 분석된다. 그것을 다 내보이는 것은 학술지 논문에서나 가능하다. 그러므로 시료마다 향기 Top 10을 뽑아보기로 했다. 선택한 시료는 단일차와 가향차다. 우리나라를 포함한 세계 여러 나라 홍차를 골고루 선택하려고 했으나 모든 시료가 다 상품(上品)은 아니며 나라별로도 입수할 수 있는 여건에서 선택하다보니 일관성이 있는 것은 아니다. 하지만 모든 시료는 유효기간 안에 있는 것을 택했으며 홍차 종류에 따라 함량이나 우리는 시간이 다르지만 색깔을 비교하려고 시료 함량과 우리는 시간을 시료마다 대체로 동일하게 했다.

한편, 아무리 좋은 홍차라도 그에 어울리는 예쁜 찻잔에 담아야 한결 우아해질 수 있으므로 각 홍차와 어울리는 찻잔에 담았다. 이와 아울러 찻잔의 역사와 감별법 등도 언급해 홍차 취미를 고양할 수 있도록 했다. 찻잔 등 차도구를 구입하는 데는 짧은 기간에 속성으로 하다보니 시행착오를 겪기도 하면서 공부가 되었다. 전문 분야가 아니다보니 아직까지 많이 미숙하다. 전문가가 볼 때 부족한 점이 많겠지만 필자가 처음 시작할 때 호기심이 많았던 만큼 초보자에게는 도움이 될 듯싶다.

차도구의 생산연도를 언급할 때 백마크(back mark)를 보고 확실한 연도를 알 수 있는 것도 있지만 대부분 셀러(Seller)들이 말하는 것을 믿을 수밖에 없다. 가능하면 한 번 더 확인하고 자신이 없는 것은 연도를 비워두었지만 혹시 설명에 오류가 있어 지적해주신다면 감사히 받아들이고자 한다.

보잘것없는 이 책이 나오기까지 많은 사람의 도움을 받았다. 항상 격려해주는 사랑하는 가족과 제자들, 홍차 시료를 제공해주고 예쁜 차도구도 선뜻 내주신 한국차학회의 많은 분과 지인들에게도 감사드린다. 연구 막바지에 예쁜 홍차 다구들에 심취하여 인터넷이나 카카오스토리로 알게 된 친구들, 셀러분들과 앤티크 밴드회원님들에게도 고마운 마음을 전한다. 마지막으로 이 책을 출간해주신 중앙생활사 대표님에게 진심으로 감사드린다.

최성희

## 차례

## 스리랑카의 홍차

## 중국과 대만의 홍차

## 일본, 말레이시아, 인도네시아, 터키, 케냐의 홍차

## 한국의 홍차

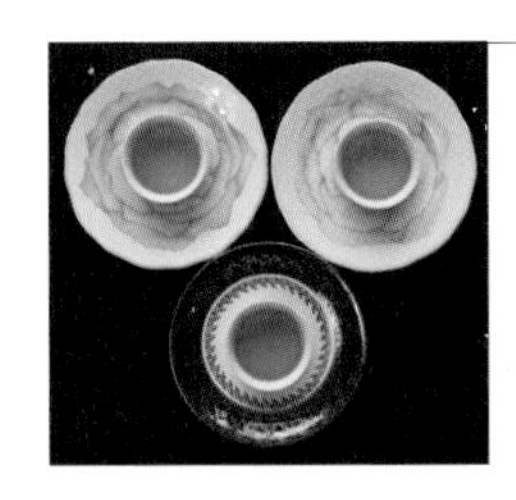



## 블렌디드 홍차, 얼그레이 홍차, 가향 홍차류

### 홍차 향기 Top 10에 나오는 향기화합물의 실체



## PART 2 홍차 관련 정보 나누기

### 다양한 홍차와 찻잔 소개

## 여러 가지 홍차 즐기기

## 차도구들

## 홍차, 오룡차, 녹차의 차이점

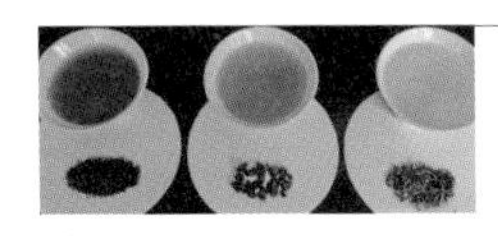

## 티룸 방문

## 식품 향기의 개요

인간은 태어나면서부터 먹는 즐거움을 느끼며 이것이 인생에서 즐거움의 큰 몫을 차지한다. 인간에게 먹는 즐거움을 가져다주는 것은 음식물 풍미 또는 향미(flavor)를 감수하는 일에 의한다. 향미는 향기를 뜻하는 휘발성 플레이버(flavor)와 맛을 뜻하는 비휘발성 플레이버로 구별된다. 일반적으로 플레이버라고 하면 향기를 가리키는 경우가 많다. 향미는 색깔과 더불어 식품의 기호를 좌우하는 중요한 요소다. 차류의 기호도에서는 맛도 중요하지만 향기가 무엇보다 중요하다.

식품의 향기에 관한 연구는 예부터 과학자들에게 흥미의 대상이 되었지만 휘발성이 있는 미량성분이고 변화하기 쉬운 화합물의 복잡한 혼합물이기 때문에 이전에는 화학적 연구가 극히 제한되었다. 1960년대부터 미량분석기가 진보하면서 식품의 향기 연구가 잘 이루어져 최근에는 향기의 생성 메커니즘 구명으로까지 발전하고 있다.

향기 성분을 연구하는 과정은 첫째, 식품에서 향기 성분을 분리한다. 분리 방법은 식품 종류에 따라 다르다. 차류의 향기 분석은 편리한 유리기구로 증류법에 따라 한다. 둘째, 증류법으로 추출된 향기 성분을 동정(identification)하려면 기기 분석을 한다. 셋째, 분석 내용을 해석하고 어떤 성분이 그 식품의 향기에 기여하는지 고찰한다.

차에서 향기 성분을 분석하는 일은 맛 성분인 유리아미노산이나 카테킨, 당류 분석과 달리 화합물 수가 아주 많아 좀 까다로운 편이다.

레몬은 시트랄(citral)이라는 단일화합물로 향기를 재현한다. 바나나, 사과 등 과일향도 몇 가지 화합물로 재현할 수 있다. 하지만 차류의 향기는 분석하여 나온 몇 가지 화합물을 혼합하는 것으로 재현할 수 없다. 그래도 수십 년 동안 수많은 차류를 분석해본 결과 차류의 종류별, 수확 시기별, 제조방법별, 산지별로 화합물 조성에 차이가 있어 어느 정도 특징을 잡을 수 있었고 대부분 관능적으로 느끼는 향과 잘 일치했다. 부수적으로 향기 성분의 생성 메커니즘까지 밝힐 수 있어 이 분야 연구에 매우 큰 흥미를 느낄 수 있었다. 대학교, 연구소, 기업체 등에 진출하여 역할을 다하는 동의대학교 향미학 실험실 제자들과 함께 연구를 수행하는 동안 참으로 행복했다.

## 사진 촬영 준비

차를 우릴 때는 잎차형(leaf)인지 파쇄형(broken)인지 구분해 차의 양이나 우리는 시간을 조절해야 한다. 통상 시판되는 홍차의 포장에는 차와 물의 온도, 함량과 우리는 시간 등이 기재되어 있다. 이 책에서 대부분 시료와 물은 같은 함량을 사용했고 우리는 시간도 대체로 동일하게 했다. 관능검사에는 시판되는 검사용 도구가 있지만 그 도구는 시료 함량을 너무 많이 사용해야 해서 전문 검사용 도구를 사용하지 않았다. 귀하게 입수한 홍차도 약간 있어 이 책에서는 최소한의 시료를 사용했다. 즉, 시료 2g, 뜨거운 물 200ml, 우리는 시간 3분으로 했다(티백의 경우 약간 변동). 실험에서 모든 홍차 시료는 유효기간 안에 있는 것을 사용했다.

# PART 1
# 세계 홍차의 향기 조성

흔히 녹차는 맛이고 오룡차(우롱차)는 향이며 홍차는 색깔을 즐긴다고 말하지만 홍차는 위조 → 유념 → 발효 공정을 거치는 동안 녹차나 오룡차보다 향기 성분이 많이 생성된다. 찻잎이 본래 가지고 있는 성분에 위조공정에 따라 향기 성분 화합물의 양이 생엽보다 10배가량 증가된다. 또한 유념과 발효공정에서도 산화효소를 중심으로 하는 효소반응에 따라 리나롤이나 메틸살리실레이트 등과 같은 산화물 형태의 향기 성분이 생성된다. 품종과 나라별 환경 등에 따라서도 향기 성분이 달라져 홍차는 각자 개성을 지닌 향기로운 향을 우리에게 제공한다.

홍차의 향기 연구는 1916년에 시작되었는데 그때 처음으로 민트 향인 메틸살리실레이트(methyl salicylate)라는 화합물을 알아냈다. 그때 사용한 시료는 실론차인 우바(Uva)로 짐작된다. 필자의 향기 연구 결과에서도 우바 홍차가 메틸살리실레이트를 제일 많이 함유하고 있었다. 1920년에는 홍차에서 메틸살리실레이트와 시스-3-헥세놀(cis-3-hexen-1-ol)을 분리 동정했는데 시스-3-헥세놀은 풀냄새가 난다.

그 후 1934년에서 1940년 사이에 일본인이 대만 홍차에서 유기화학적 방법으로 향기 성분 26종을 밝혀냈고 1966년 이래 일본 오차노미즈여자대학 야마니시 테이(山西貞) 교수가 향기 분석에 개스크로마토그래프(gas chromatograph)라는 기기장치를 도입해 300여 종의 향기 성분을 밝혀냈다. 필자는 운 좋게 야마니시 교수님을 대학원 석사과정 때 지도교수로 모셔 식품의 향기 성분에 대해 배울 수 있었다.

PART 1에서는 나라별 다양한 홍차의 향기 성분을 분석하여 향기 성분 수십 종 중에서 Top 10만 골라 정리했다. 분석에 사용한 홍차는 싱글 오리진(single origin)과 가향차(flavored tea) 위주로 하고 블렌디드(blended) 홍차도 사용했다. 한 다원에서 한 종류의 홍차를 생산하여 제품화한 것을 싱글 오리진이라 하고 대체로 향미가 부족한 홍차에 허브류, 과일향이나 합성향을 부가한 것을 가향차라고 한다. 블렌디드 홍차는 향미를 높이려고 여러 홍차를 혼합한 것이다.

# 인도의 홍차

인도는 세계 최대 홍차 생산국이다. 홍차 생산량도 많지만 소비량도 많아 차를 그대로 우려 마시는 스트레이트(Straight)와 밀크티나 향신료를 넣는 차이(Masala chai) 형태 등으로 차를 마시는 일이 일상생활이라고 해도 지나친 말이 아니다. 세계 3대 홍차에 속하며 향이 뛰어난 다즐링은 인도 북동 서뱅갈주 북쪽에서 생산된다. 해발 300~2,200m의 험한 경사면에 다원이 있으며 품종은 중국 교배종이 많다. 이 점이 다즐링 홍차가 최고 향을 내는 특징적 홍차로 만들어지는 비결인 것 같다. 다즐링 지역 홍차는 아쌈 지역과 달리 주로 정통 방법인 오소독스(orthodox)법을 많이 이용하여 특유의 향미를 살린다.

인도의 차 재배 역사는 영국의 중국에 대한 차 수입량의 급증으로 인한 무역 불균형의 산물이다.

1823년 영국인이 발견한 아쌈종으로 시작된 아쌈 지역은 홍차 경작 면적이나 수확량에서 인도를 대표하는 생산지가 되었다. 다즐링이 향을 살리기 위해 발효를 다소 약하게 하는 반면 아쌈 홍차는 색깔이 진하고 맛 또한 진해서 밀크티나 차이용으로 좋으며 자국에서 많이 소비된다.

약 90%를 CTC 제법으로 만들며 세계의 유명 회사에서 블렌드용으로 사용하거나 티백용으로 많이 수입해간다.

다즐링, 아쌈과 더불어 인도의 3대 홍차 산지인 닐기리가 있다. 남인도 최대 차산지인 닐기리는 남북으로 달리는 산맥의 고원에 위치하여 '블루 마운틴(Blue mountain)'이라고도 불린다. 해발 1,200~1,800m 고원의 구릉에 펼쳐져 있고 아침저녁의 일교차가 커서 홍차 재배에 적합한 곳이다. 다즐링이나 아쌈에 비해 특징이 부족하지만 블렌딩이나 베리에이션을 하기에는 오히려 장점이 되어 세계 각국에서 애용된다.

## 다즐링 홍차

**| 다즐링 홍차 |** 이 지역은 낮과 아침저녁의 기온차가 심하다. 그 때문에 안개가 발생하며 안개가 사라지는 낮에는 습했던 찻잎을 건조시킨다. 이런 환경에 중국 교배종인 품종과 더불어 상쾌한 향기를 내는 홍차가 생산된다. 수확 시기에 따라 맛과 향기가 크게 달라진다. 보통 3월부터 11월까지가 수확기이지만 3~4월에는 첫물차(First flush), 5~6월에는 두물차(Second flush)가 생산되고, 우기가 끝나고 10~11월에는 기후가 건조해져 소량이지만 양질의 가을차(Autumn flush)가 수확된다.

## 다즐링 첫물차

다즐링 첫물차(First flush)는 2017년 봄 '정파나 다원'을 직접 다녀온 친구가 적당량 나눠준 것으로 다른 시료와 달리 차통이 없다. 찻잔은 영국 로열 스태퍼드(Royal stafford)사의 카메오 로즈(Cameo rose)다.

### 일반적인 관능적 특징

외관은 덖음 녹차와 비슷한 차갈색이며 외관 형태는 가늘고 길다. 마른 차에서 꽃향이 강하게 풍긴다. 찻물색은 연한 황록색이며 꽃 향이 강하나 신선하고 합성향과 완전히 다른 질리지 않는 자연스러운 향이다. 강한 향 때문인지 맛도 부드럽게 느껴진다. 엽저(우리고 남은 찻잎) 색은 녹색이 많이 남아 있고 잔향이 있다.

**다즐링 첫물차의 향기 Top 10**

| 순위 | 화합물 | 함량(peak %) | 향기 묘사 |
|---|---|---|---|
| 1 | 제라니올 | 32.21% | 장미꽃 향 |
| 2 | 리나롤 | 15.95% | 은방울꽃 향, 감귤류 향 |
| 3 | 리나롤 옥사이드 II | 8.57% | 달콤한 향, 꽃 향 |
| 4 | 메틸 살리실레이트 | 7.77% | 민트향 |
| 5 | 리나롤 옥사이드 I | 3.93% | 달콤한 향, 꽃 향 |
| 6 | 시스-3-헥세놀 | 3.38% | 풋풋한 향 |
| 7 | 시스-재스몬 | 3.07% | 재스민꽃 향 |
| 8 | 트랜스-2-헥세놀 | 2.06% | 풋풋한 향, 사과향 |

| 9 | 리나롤 옥사이드 IV | 1.38% | 달콤한 향, 꽃 향 |
|---|---|---|---|
| 10 | 네롤리돌 | 0.61% | 백합꽃, 사과, 나무 향 |

### 분석 결과로 본 향기의 조합

수많은 홍차 종류로 향기 분석을 해왔으나 장미꽃 향인 제라니올이 이렇게 많은 함량을 차지하는 차는 처음이다. 일본의 대학원 선배인 차 향기전문가 가와가미(川上) 교수는 차류의 향기를 분석해서 책을 냈는데 홍차류의 시료 분석도 몇 개 들어 있었다. 20여 년 전 분석한 다즐링 첫물차(시료, 인도 서뱅갈 Pandam Tea estate) 성분과 향기 함량 화합물의 Top 5까지는 일치했다. 그때는 제라니올 함량이 23.15%였다. 백포도주 향(muscatel)으로 알려진 3,7-디메틸-1,5,7-옥타트리엔-3-올은 1.04%로 백포도주 향이 11위를 차지했다. Top 10에 속하는 모든 화합물이 향기롭고 좋은 향을 내나 장미 향의 제라니올의 압도적인 함량만으로도 과연 세계 3대 홍차에 속하는 것이 아닌가 하는 감탄을 자아내게 했다. 제라니올이 이렇게 많은 것은 중국 교배종이라는 증거 같다.

### 정파나 다원 이야기

설립연도는 1899년(다즐링 시가지에서 가까운 해피발리(Happy Valley) 다원은 설립연도가 1854년으로 되어 있고 설립연도가 모호한 다원들은 대체로 1860~1864년 사이로 표기되어 있다)으로 다른 다원에 비해 늦은 편이다. 주로 홍차를 생산하는 '정파나(Jungpana)'는 경사진 작은 길이라는 뜻이라고 하는데 방문한 친구 말로는 홍차를 사랑하지 않고는 다녀오기 쉽지 않은 곳이라고 한다. 인도 다즐링의 많은 다원 중에서 면적은 비교적 좁은 편이며 해발 1,000m가 넘는 곳에 집중되어 있고 남향으로 대부분 경사면이다. 밤낮의 기온차가 심하고 서리가 많이 내린다. 해발이 낮은 곳에는 중국 교배종이 많고 높은 곳에는 아쌈 교배종이 많다. 옥션에서 최고 가격을 기록한 적도 있고 영국 왕실에서 애호하는 차를 만든다.

### 로열 스태포드 찻잔 이야기

영국의 로열 스태포드(Royal stafford)사는 본래 1845년 토머스 풀(Thomas Poole)이 롱턴(Longton)시에 설립했으나 1992년 브래츠 오브 스태퍼드셔(Barratts of Staffordshire)와 합병한 뒤 잘 알려진 이름을 지키면서 새 역사를 쓰고 있다.
찻잔은 로열 스태포드사의 본차이나인 핸드 페인팅 카메오 로즈다. 카메오는 세공품에서는 양각을 도드라지게 조각하는 방식을 말하며 찻잔에서는 그림이 바탕색과 다르다는 뜻으로 입체감을 나타낸다. 이 찻잔에 다즐링 첫물차를 담은 이유는 다즐링 홍차에 장미꽃이 많이 그려져 있고 이 책을 기획한 후 처음 구입한 찻잔으로 나에게는 앤티크에서 첫사랑과 같은 존재이기 때문이다.(http://www.royalstafford.co.uk/)

### 다즐링 두물차

2017년 5월 홍콩의 TWG 매장에서 구입한 정파나 다즐링 두물차(Second flush, FTGFOP)를 마이센(Meissen)의 블루오니언에 담았다.

### 일반적인 관능적 특징

외관은 첫물차보다 약간 진한 차갈색이며 외관 형태는 다소 부서진 상태다. 건조차에서 꽃 향이 강하게 풍겨 나온다. 찻물색은 투명하고 연한 황색이며 꽃 향이 나고 단향이 남는다. 맛은 달콤한 과일 맛이 먼저 느껴진다. 엽저의 색은 녹색과 갈색이 섞여 있다. 통상 두물차(Second flush)는 부드럽고 달콤하며 머스캣(muscat) 포도로 만든 머스커텔(muscatel, 백포도주) 향이 난다.

**다즐링 정파나 두물차(FTGFOP1)의 향기 Top 10**

| 순위 | 화합물 | 함량(peak %) | 향기 묘사 |
|---|---|---|---|
| 1 | 리나롤 옥사이드 II | 13.39 | 달콤한 향, 꽃 향 |
| 2 | 제라니올 | 12.98 | 장미꽃 향 |
| 3 | 리나롤 | 10.07 | 은방울꽃 향, 감귤류 향 |
| 4 | 리나롤 옥사이드 I | 7.40 | 달콤한 향, 꽃 향 |
| 5 | 메틸살리실레이트 | 5.45 | 민트 향 |
| 6 | 시스-3-헥세놀 | 2.99 | 풋풋한 향 |
| 7 | 트랜스-2-헥세놀 | 2.95 | 풋풋한 향, 사과 향 |
| 8 | 베타-이오논 | 2.31 | 꽃 향 |
| 9 | 3,7-디메틸-1,5,7-옥타트리엔-3-올 | 1.97 | 백포도주 향 |
| 10 | 페닐아세트알데히드 | 1.94 | 히아신스꽃 향 |

### 분석 결과로 본 향기의 조합

리나롤의 산화물인 리나롤 옥사이드류는 차류에 네 가지가 나오는데 향은 달콤한 향과 꽃 향으로 대별할 수 있었다. 9위를 차지한, 백포도주 향으로 알려진 3,7-디메틸-1,5,7-옥타트리엔-3-올이 첫물차보다 많이 포함되어 있는데, 다른 홍차류에는 이 화합물이 없거나 소량 들어 있어 이 홍차를 홍차의 샴페인이라고 하는 이유가 된다. 순위에 들어가지는 않았지만 아몬드 향을 띠는 벤즈알데히드(1.74%)는 11위, 장미꽃 향을 띠는 2-페닐에탄올(1.22%)이 12위에 있었다.

## 차 브랜드 TWG 이야기

TWG는 Tea World Group의 약자가 아니라 The Wellness Group의 약자다. TWG는 '1837'이라는 숫자 상표를 달고 있는데 언뜻 역사가 매우 긴 회사라고 생각할 수 있다. 이 회사는 2008년 싱가포르에서 설립되어 비교적 역사가 짧다. 1837이라는 숫자는 싱가포르 상공회의소가 설립된 해인데, 이를 계기로 차무역이 자유화되어 영국 차가 들어오고 동서양 차무역의 중심지로 발전했다는 것이다.

CEO인 모로코계 프랑스인 타하 북딥(Taha Bouqdib)은 22세에 차를 처음 접하고는 차에 빠졌다. 미국 뉴욕에서 차사업을 하려고 하다가 사업 파트너의 조언에 따라 싱가포르에 자리 잡았다. 싱가포르의 마리나 베이 샌즈에는 TWG Tea 살롱&부티크가 두 개 있다. 일본의 신마루이(新丸)빌딩 안이나 백화점에서도 매장을 만날 수 있다.

홍콩의 TWG

살롱은 티룸을 말하며 부티크에서는 차와 도구, 다식 등을 판매한다. 홍콩 등 세계의 많은 나라에서 이 매장을 볼 수 있다. 38개국 45개 지역에서 100곳 이상의 다원과 거래하며 800여 종의 차를 판다(서울경제 2015년 기사). 성공 비결은 품질 좋은 차를 구입하여 포장을 잘하고 서비스를 잘하겠다는 각오로 임하며 특정 계층을 위한 차가 아니라 누구나 즐길 수 있도록 다양한 제품을 구비한다는 것이다.(http://www.twgkorea.co.kr/)

### 마이센 찻잔 이야기

독일어로는 양파 문양, 영어로는 푸른 양파(blue onion)인 독일 작센주 마이센(Meissen)의 츠비벨무스터(Zwiebelmuster) 찻잔에 다즐링 정파나 다즐링 두물차를 담았다. 마이센은 유럽에서 최초(1709)로 중국풍 백색도자기가 만들어진 곳이다. 독일 아우구스투스(Augustus) 2세는 당시 중국에서만 생산되던 백자를 만들기 위해 뵈트거(Böttger, Johann Friedrich)를 성에 가두고 그 비법이 밖으로 유출되지 않도록 했다.

마이센에서도 중국 청화백자 스타일을 성공시켰는데 그것이 츠비벨무스터다. 츠비벨무스터는 18세기 명나라의 청화백자에서 영감을 받아 각종 과일과 꽃의 줄기, 열매와 꽃을 모티브로 만든 것인데 양파 문양은 사실은 석류였다고도 한다. 마이센의 백마크는 쌍검 문양인데 유사품이 너무 많아 찻잔받침이나 접시 문양 안에도 쌍검 그림을 그려 더블(double)로 쌍검이 있다고 한다. 독일의 또 다른 브랜드인 카라는 물론 체코슬로바키아, 노르웨이, 일본 등지에서도 이 문양과 유사한 제품이 나오지만 마이센에서 나오는 것이 가격이 제일 비싸다.

## 다즐링 가을차

2017년 5월 홍콩의 TWG 매장에서 구입한 마가렛 홉(Margarets Hope) 다원의 다즐링 가을차(Autumn flush, FTGFOP1)를 이탈리아의 닭이 그려진 리처드 지노리(Richard Ginori) 찻잔에 담았다.

### 일반적인 관능적 특징

외관은 어두운 녹색을 띠며 우린 찻물색은 등황색이다. 수확 시기에 차나무 싹이 일부 금색을 띠거나 제다로도 싹이 갈색으로 변해 전체적으로 골든 팁을 많이 함유한 것이 보인다. 향기는 첫물차와 두물차에 비해 산뜻한 향이 부족하며 꽃 향과 달콤한 향이 나지만 전반적으로 약하다. 맛은 떫은맛이 있으나 부드럽게 넘어간다.

**다즐링 가을차의 향기 Top 10**

| 순위 | 화합물 | 함량(peak %) | 향기 묘사 |
|---|---|---|---|
| 1 | 리나롤 | 17.01 | 은방울꽃 향, 감귤류 향 |
| 2 | 제라니올 | 9.93 | 장미꽃 향 |
| 3 | 리나롤 옥사이드 II | 9.76 | 달콤한 향, 꽃 향 |
| 4 | 메틸살리실레이트 | 6.89 | 민트 향 |
| 5 | 리나롤 옥사이드 I | 3.76 | 달콤한 향, 꽃 향 |
| 6 | 시스-3-헥세놀 | 3.30 | 풋풋한 향 |
| 7 | 트랜스-2-헥세놀 | 2.56 | 풋풋한 향, 사과 향 |
| 8 | 리나롤 옥사이드 IV | 1.71 | 달콤한 향, 꽃 향 |

| 9 | 헥사노익산 | 1.56 | 지방취 |
|---|---|---|---|
| 10 | 베타-이오논 | 1.48 | 꽃 향 |

### 분석 결과로 본 향기의 조합

다즐링 가을차는 은방울꽃 혹은 감귤류 향을 내는 리나롤 함량이 많았다. 홍차가 잘 산화되어 리나롤 산화물인 리나롤 옥사이드류가 세 종류나 들어 있어 꽃 향과 더불어 달콤한 향에 기여했다. 6위와 7위에 해당하는 시스-3-헥세놀과 트랜스-2-헥세놀은 다즐링의 풋풋한 향에 기여하나 발효 중 생성된 헥사노익산은 가을차에서 첫물차나 두물차의 다즐링에 비해 다소 무거운 향을 내는 원인으로 생각된다.

### 마가렛 홉 다원 이야기

마가렛 홉(Margarets Hope)의 설립연도는 1862년이며 다원 면적은 정파나의 약 5배 크기로 수확량도 2배 정도 많다. 동남쪽 경사면에 있고 다원은 해발 높낮이가 1,000m가 넘는 곳도 있으며 대부분 높은 곳에 있다. 차나무는 저지대에는 아쌈 교배종이 많으나 전반적으로 중국 교배종이 많다. 다원 이름은 처음에는 베링톤(Barington)이었는데 영국인 소유주의 딸 이름을 다원 이름에 쓰게 되었다. 주로 홍차를 생산하지만 다원 면적이 넓어 다른 차류도 생산한다.

### 리처드 지노리 찻잔 이야기

리처드 지노리(Richard Ginori, 이탈리아어로는 리카르도 지노리)는 이탈리아 피렌체에서

1735년 마르케제 지노리가 세운 도치아(Doccia) 요에서 시작되었다. 1896년 리처드사와 합병하여 리처드 지노리가 되었다. 도자기는 패턴과 생산연도를 중요시하며 희귀성과 예술성을 높이 산다는데 지노리는 중국의 원료와 독일의 생산기법을 잘 받아들여 예술성을 살렸다. 2013년 구치(Gucci)에 인수되었으나 피렌체와 밀라노에 가면 이탈리아에서도 2개뿐인 대형 숍이 있다. 과일무늬 찻잔은 대중적으로 잘 알려진 라인인데 시료를 담은 찻잔은 앤티크도 빈티지도 아닌 최근 것으로 2017년 닭의 해에 서울 신세계 매장에서 구입했다.

## 홍차의 등급

홍차의 찻잎은 수확할 때 통상 1창2기(一槍二旗), 1창3기(一槍三旗)를 딴다고 하는데 차나무에서 1창은 제일 위에 나는 흰털이 많은 어린 싹(새순, tip)을 말하며 꽃 향이 난다고 하여 FOP(Flowery Orange Pekoe)라고 한다. 새싹 다음의 첫 번째 잎을 OP(Orange Pekoe)라 하고 두 번째 잎을 P(Pekoe)라 한다. 페코(Pekoe)라는 말은 백호(白毫), 즉 흰 솜털이라는 중국어다.

실제로 제품 표기 중 잎차의 경우 FOP(10~15mm)는 OP 중 어린 싹이 많이 포함되어 있으며 이 함유량이 많을수록 상급으로 취급한다. OP(7~11mm)는 어린잎과 어린 싹으로 이루어진 차로 우리면 대체로 찻물색이 밝다. P(5~7mm)는 OP보다 단단하며 입자 크기가 OP보다 작고 두꺼운데 향기가 비교적 약하다.

어떤 회사에서는 제품의 홍차에 Special(S), Finest(F), Tippy(T), Golden(G), First Quality(I) 등의 수식어를 붙인다. 다즐링 가을차에 표기되어 있는 FTGFOP1은 Finest

Tippy Golden FOP로 TWG에서는 골든 팁(금아)을 4분의 1 함유하고 있는 특별한 품질이다. 말미에 적혀 있는 1이라는 숫자는 그 등급에서 최고 품질이라는 의미다.

## 아쌈 홍차

**| 아쌈 홍차 |** 자생종인 아쌈종 차나무를 발견하여 1830년대에 인도에서 최초로 다원(茶園) 개발에 성공했다. 인도 북부에 위치하며 해발 800m 되는 고지대에 있는 다원으로 인도차 절반 이상을 생산하는 세계 제1의 차산지다. 다즐링처럼 3~4월의 퍼스터 플러시, 5~6월의 세컨드 플러시, 10~11월의 오터머널 시즌이 있다. 90%가 CTC 제법이며 이 지방에서 생산되는 차는 뜨거운 물을 넣으면 침출이 매우 빠르다. 찻물색은 진하며 중후한 맛이 뛰어나나 향기는 비교적 약하다. 강한 맛이 특징이므로 블렌딩용으로 적합하며 티백 수요도 높고 밀크티에 잘 어울린다.

2017년 일본 도쿄 TWG 매장에서 구입한 아쌈(Assam)의 세컨드 플러시인 T501 Harmutty(SFTGFOP1) 홍차를 빌레로이 앤 보흐(Villeroy&Boch)의 흰색 찻잔에 담았다.

### 일반적인 관능적 특징

외관은 암갈색이며 형태는 가늘고 긴 균일한 모양으로 건조한 차에서도 꽃 향이 난다. 찻물색은 주홍색이며 향기는 잎에서 맡았던 은방울꽃 향이 나고 달콤한 향인 몰트(malty) 향이 끝에 느껴진다. 맛은 목으로 넘길 때 화한 민트 맛이 있다. 엽저 모양은 잎이 작고 갈색빛이며 단 향이 많이 남아 있다.

일반적으로 아쌈 OP의 세컨드 플러시는 향이 부드럽고 몰트한 향이 난다고 하며 세컨드 플러시의 브로큰 형태인 BOP는 향이 더 풍부하다고 한다. 맛은 둘 다 떫은맛이 중 정도인데 CTC로 하면 색깔이 더 진해지며 향은 약해지고 맛은 강해진다.

**아쌈 세컨드 플러시인 T501 Harmutty(SFTGFOP1)의 향기 Top 10**

| 순위 | 화합물 | 함량(peak %) | 향기 묘사 |
|---|---|---|---|
| 1 | 리나롤 | 7.64 | 은방울꽃 향, 감귤류 향 |
| 2 | 메틸살리실레이트 | 6.39 | 민트 향 |
| 3 | 트랜스-2-헥세날 | 5.71 | 풋풋한 향, 사과 향 |
| 4 | 페닐아세트알데히드 | 5.50 | 히아신스꽃 향 |
| 5 | 리모넨 | 5.37 | 오렌지 향 |
| 6 | 헥사날 | 4.85 | 풋풋한 향 |
| 7 | 리나롤 옥사이드 II | 3.96 | 달콤한 향, 꽃 향 |
| 8 | 벤즈알데히드 | 2.85 | 아몬드 향 |
| 9 | 베타-이오논 | 2.06 | 꽃 향 |
| 10 | 3-메틸부타날 | 1.92 | 초콜릿 향 |

### 분석 결과로 본 향기의 조합

아쌈은 대엽종이라서 다즐링에 비해 전반적으로 향이 약하다. 그러나 이 시료는 세컨드 플러시로 아쌈 중에서는 향미가 강한 편이었다. 영국인은 달달한 몰트(malty, 맥

아) 향을 좋아하는데 아침에 브렉퍼스트 차로 훌륭하다. 다즐링에 비해 민트 향이 강하고 풋풋한 향의 함량이 많지만 히아신스꽃 향이 중심에 있으며 홍차에는 드물게 있는 감귤류 향인 리모넨이 10위 안에 들어 있다. 다즐링과는 다르게 몰트 향이 부각되는 것은 초콜릿 향이 나는 3-메틸부타날이 10위에 있고 역시 초콜릿 향이 나는 2-메틸부타날이 11위에 있기 때문이다.

### 빌레로이 앤 보흐 찻잔 이야기

프랑수아 보흐(Jean Francois Boch)가 1748년 세라믹 제조를 시작으로 프랑스에서 첫 번째 공장을 지었고, 1767년에는 그의 아들이 룩셈부르크에 두 번째, 독일의 메틀라흐에 세 번째 공장을 지었다. 손자가 세운 메틀라흐에 본사가 있으나 현재는 다국적 기업으로 성장했다. 1836년 니콜라스 빌레로이(Nicolas Villeroy)와 합병하여 빌레로이 앤 보흐(Villeroy&Boch)라는 이름을 사용하게 되었다.

유행을 타지 않는 프랑스 디자인과 독일의 전통적인 장인정신을 기반으로 최대 국제적 라이프 브랜드로 성장했다. 예술가, 왕실, 개척자의 영감과 300년 유럽 문화의 영감으로 탄생한 브랜드다. 시료의 아쌈을 담은 찻잔은 아쌈의 독보적 색깔을 잘 살리기 위해 백화점 매장에서 구입한 세련된 백색 찻잔이다.(http://villeroy-boch.co.kr)

# 닐기리 홍차

**| 닐기리 홍차 |** 이 지역은 기후나 풍토가 스리랑카와 매우 비슷해 스리랑카 홍차와 유사한 차가 생산된다. 차를 생산한 역사가 짧고 차나무도 어리지만 장래성은 많은 곳이다. 19세기까지는 유럽인들에게 거의 알려지지 않았다가 1810년경 영국의 동인도회사에서 조사했다. 19세기 후반부터 차를 재배해 현재는 홍차가 이 지역 중심 산업이 되었다. 생산량의 90% 이상을 CTC 제법으로 만들고 오소독스는 10% 미만이다. 서쪽 경사지에서는 1~2월에, 동쪽에서는 8~9월에 생산되는 차가 품질이 좋다(이 계절을 퀄리티 시즌이라고 함). 품질에 비해 가격이 비교적 싸다.

2017년 일본 도쿄의 TWG 매장에서 구입한 T 400Tiger Hill FOP(4401)의 닐기리(Nilgiri) 홍차를 하빌랜드(Haviland, 뉴욕) 찻잔에 담았다.

### 일반적인 관능적 특징

외관은 암갈색이며 길게 말린 형태로 달콤한 향이 난다. 찻물색은 등황색이며 향기는 풋풋하고 상큼하다. 맛은 담백한 편이며 꽃 향이 약간 난다. 엽저는 초록빛이 보이는 갈색이고 풀 향이 난다. 블로그 등에서 내린 향미 평가는 떫은맛이 적고 무난하며 다즐링을 닮은 풀 향, 나무 향 등이 난다는 표현이 있다. 산뜻한 찻물색을 띠고 과일 향을 바탕으로 가벼운 꽃 향을 내며 부드러워 마시기 쉽다고 한다. 연구실에서 시행한 관능 특징도 이와 유사했다.

**인도 홍차(닐기리)의 향기 Top 10**

| 순위 | 화합물 | 함량(peak %) | 향기 묘사 |
|---|---|---|---|
| 1 | 리나롤 | 8.55 | 은방울꽃 향, 감귤류 향 |
| 2 | 디-부칠-2-부탄디오에이트 | 5.81 | 향기로운 향 |
| 3 | 메틸살리실레이트 | 3.56 | 민트 향 |
| 4 | 제라니올 | 2.86 | 장미꽃 향 |
| 5 | 헥사날 | 2.59 | 풋풋한 향 |
| 6 | 베타-이오논 | 2.57 | 달콤한 향, 꽃 향 |
| 7 | 트랜스-2-헥세날 | 2.43 | 풋풋한 향, 사과 향 |
| 8 | 리나롤 옥사이드 II | 2.16 | 달콤한 향, 꽃 향 |
| 9 | 시스-3-헥세놀 | 1.76 | 풋풋한 향 |
| 10 | 리나롤 옥사이드 I | 1.27 | 꽃 향, 과일 향 |

## 분석 결과로 본 향기의 조합

생산한 TWG에서 묘사한 대로 과일 향을 바탕으로 꽃 향을 내며 향기로운 향으로 표현되는 것은 디-부칠-2-부탄디오에이트가 들어 있어서인 것 같다. 이 화합물은 홍차 중에서 닐기리에서만 처음으로 동정된 화합물로 그 함량이 많다. 향기 정도가 전체적으로 약한 것은 리나롤의 산화물인 리나롤 옥사이드류가 10위 안에 두 개만 들어 있고 10위 중 하위권에 머물기 때문이라고 생각된다.

### 리모주 찻잔 이야기

리모주(Limoges)는 프랑스 중남부에 있는 작은 도시다. 리모주와 인근 지역에는 도자기 공장이 많다. 그중 하나인 하빌랜드(Haviland)사는 창업주가 미국인 데비드 하빌랜드(David Haviland)다. 그는 1842년 프랑스의 리모주로 가서 도자기회사를 설립했다. 아들 테오도어(Theodore)는 미국에서 성장해 뉴욕에서 하빌랜드사를 설립했다. 프랑스산 하빌랜드는 우아하고 고급스러우며 여성스럽다. 가볍고 얇아서 칩이 잘 생기므로 조심해서 취급해야 한다. 이 찻잔은 하빌 145번 핑크 아취로 천사의 밥상이라는 이름이 있는 뉴욕 제품이다. 프랑스산보다 약간 두꺼운 느낌이 들고 가격이 싸다. 테오도어 하빌랜드 마크가 찍혀 있다.

### 오소독스, 브로큰, CTC 이야기

홍차 제법에서 사용하는 용어다. 중국의 전통적인 방법을 개량하여 기계화한 것을 오소독스(orthodox)법이라고 한다. 홍차는 잎차형(whole leaf)과 파쇄형(broken)이 있다. 파쇄형은 찻잎을 파쇄하면서 유념한 것이다(발효 과정은 이 책 PART 2에서 다룬다). 파쇄형 홍차의 등급 앞에는 broken의 B를 붙인다. BOP 채별 후 생기는 작은 입자는 fannings(약자 F)라고 한다. BOP(Broken Orange Pekoe)는 입자 크기가 2~3mm이고 차싹을 포함한 상급품에 많다. 시판되는 홍차는 대부분 잎차는 OP, 파쇄형은 BOP다. 그래서 각 나라에서 수입되어 판매되는 홍차류에는 OP와 BOP가 많다. 파쇄형은 찻물색이 진하고 떫은맛이 있다.

한편, 시간적·경제적으로 능률을 향상하기 위해 고안된 CTC 홍차 제법은 위조 시간이 짧아 향기가 부족하나 으깨기(crushing), 찢기(tearing), 말기(curling) 조작을 동시에

행하는 기계를 이용하므로 짧은 시간 안에 찻잎 세포가 많이 파괴된다. 발효도 자연적으로 하는 것이 아니라 회전하는 드럼층에 CTC기에서 나온 찻잎을 넣어 시간을 단축시킨다. 탄닌 산화가 급격히 진행되므로 찻물이 빨리 우러나오고 진하다.

사진은 CTC(왼편)와 브로큰(오른편)의 건조차 모양과 찻물색을 보여준다. CTC는 입자가 동글동글하고 브로큰(오른편)은 둥글지 않고 찻잎이 잘게 부서진다. 작은 찻잔은 프랑스 리모주에서 1920년대 생산된 티브이 데미타세(T.V Demi-Tasse)다.

CTC(왼편)와 브로큰(오른편)

# 스리랑카의 홍차

스리랑카는 영국 식민지일 때 실론(Ceylon)이라고 불렸다. 영국 식민지였던 1800년대 초에는 커피 재배가 성행했으나, 1870년경 커피나무가 병으로 모두 죽은 다음 영국인들이 다원을 만드는 데 성공하여 세계적인 차산지가 되었다. 지금도 스리랑카 산 홍차를 실론차라고 한다. 스리랑카의 차산지는 해발 높이에 따라 세 구역으로 나눌 수 있다.

1,200m 이상인 곳은 하이 그로운 지역(high grown region)이라고 하는데 누와라엘리야(Nuwara Eliya), 우다푸셀라와(Udapussellawa), 우바(Uva), 딤블라(Dimbula)가 있다. 누와라엘리야 지역을 '리조트 영국'이라고도 하는데 직접 가보니 그 이유를 알 수 있었다. 지금도 사용하는 그때 지은 골프장, 예쁜 우체국이나 은행 등 공공건물이 남아 있고 그랜드호텔의 서비스는 마치 영국의 귀족이라도 된 느낌을 주었다.

세계 3대 명차의 하나로 손꼽히는 우바(Uva)는 남동부 고지대인 산악 다원에서 생산되며 우바 할페와테(Uva Halpewatte) 차 공장을 방문했을 때 네 종류 홍차가 시음되고 있었다. 이 차 공장은 1940년 시작되었다고 하는데 홍차는 전혀 블렌딩하지 않은 싱글 오리진을 출시한다. 해발 1,400m의 고산지대에서 생산해 8월에 제다한 것이 좋은 차라고 한다. 스리랑카는 인도나 케냐 등과 달리 FOP 등급은 드물고 파쇄형의 FBOP가 많다.

600~1,200m 사이는 미디움 그로운 지역(medium grown region)이라 하며 캔디(Kandy)가 있다. 600m 이하는 로 그로운 지역(low grown region)이라고 하며 사바라가무와(Sabaragamuwa)와 루후나(Ruhuna)가 있다.

각 지역에서 생산되는 차는 나름대로 특색이 있는데 이전에는 고산지에서 생산되는 홍차만 상품으로 취급했지만 최근에는 저산지에서도 좋은 홍차를 생산하려 최선을 다하고 있다. 다원의 68%가 가파른 경사면에 있으며 품종도 대부분 재래종으로 전통적인 방법으로 생산된다.

## 누와라엘리야 홍차

**| 누와라엘리야 홍차 |** 스리랑카의 홍차 산지 중 가장 높은 지역에 있다. 고산지라 서늘한 기후와 멋진 환경이 영국인이 휴가를 즐길 수 있는 리조트를 개발하는 동기가 되었다. 차나무는 1840~1842년경 이 지역 식물원에 심어졌고 그 후 40년이 지나 제다 기계설비 등이 갖추어져 몇 년 후 차가 생산되기 시작했다. 연중 차가 생산되나 1~2월과 6~7월에 좋은 차가 생산된다. 1~2월에 생산되는 고품질 홍차는 다즐링차와 닮아 실론차의 샴페인이라고도 한다. 찻물색은 주황색으로 다즐링의 첫물차를 연상시키며 외관상 산화발효도가 낮아 보이고 녹차처럼 약간 떫은맛이 있다. 일반적으로 싱그러운 풀 향에 꽃과 과일 향이

혼합되어 있다고 표현한다.

2015년 광주에서 개최된 보성 세계차박람회에 출품된 실론 키세스(Ceylon Kisses)사의 누와라엘리야(Nuwara Eliya, FBOP)를 구입하여 은방울꽃이 있는 크라운 트렌트사의 파인 본차이나(Fine Bone China) 찻잔에 담았다.

### 일반적인 관능적 특징

외관은 차갈색으로 골든 팁이 많고 형태는 작고 균일하며 향은 풋풋하고 꽃 향이 난다. 찻물색은 옅은 주황색이고 향기는 풋풋한 향과 꽃 향이 난다. 맛은 깔끔하고 부드럽게 넘어가나 식으니 떫은맛이 더 느껴진다. 엽저는 연한 갈색으로 단 향이 난다.

**스리랑카 홍차**(누와라엘리야, FBOP)**의 향기 Top 10**

| 순위 | 화합물 | 함량(peak %) | 향기 묘사 |
|---|---|---|---|
| 1 | 리나롤 | 21.06 | 은방울꽃 향, 감귤류 향 |
| 2 | 리나롤 옥사이드 II | 8.37 | 달콤한 향, 꽃 향 |
| 3 | 시스-3-헥세놀 | 7.97 | 풋풋한 향 |
| 4 | 제라니올 | 7.59 | 장미꽃 향 |
| 5 | 메틸살리실레이트 | 6.70 | 민트 향 |
| 6 | 트랜스-2-헥세날 | 5.02 | 풋풋한 향, 사과 향 |
| 7 | 리나롤 옥사이드 I | 3.03 | 달콤한 향, 꽃 향 |

| 8 | 헥사날 | 2.37 | 풋풋한 향 |
|---|---|---|---|
| 9 | 시스-2-헥세놀 | 1.38 | 풋풋한 향 |
| 10 | 페닐아세트알데히드 | 1.21 | 히아신스꽃 향 |

### 분석 결과로 본 향기의 조합

실론차는 FOP를 거의 생산하지 않으므로 FBOP가 이것을 대신하는 느낌이 났다. 누와라엘리야산 싱글 홍차는 발효도가 다소 약하여 관능적으로 풋풋한 향과 꽃 향을 띠었으며 분석 결과 리나롤은 다즐링과 거의 같은 함량이 들어 있었다. 장미 향을 띠는 제라니올 함량도 비교적 높은 편이었고 고유의 독특한 향기가 있었다. 신선한 향과 더불어 꽃 향이 산뜻하여 다즐링의 향과 매우 닮았다고 생각했는데 누와라엘리야와 다즐링은 같은 고산지에서 나오며 대엽종이 아니라는 공통점이 있다. 실험에 사용한 시료는 관능적으로 다즐링보다 꽃 향이 조금 약했으나 풋풋한 향과 꽃 향이 나는 것은 매우 유사했다. 분석 결과를 보면 장미꽃 향이 나는 제라니올 함량은 다즐링에 비해 다소 떨어지나 리나롤 함량은 다즐링보다 더 많았다. 샴페인 성분은 Top 10 안에 들지 않았지만 향기 조합이 다즐링과 많이 닮았다.

### 은방울꽃 찻잔 이야기

은방울꽃 향기를 많이 함유한 홍차는 은방울꽃이 그려진 찻잔에 담기로 했다. 은방울꽃이 그려진 찻잔은 세 개가 입수되었다. 크라운 트렌트 스태퍼드셔(Crown Trent Staffordshire)라고 적혀 있는 찻잔이 크기가 좀 큰데 5월의 꽃이라서 May라는 글자

좌: 위 왼쪽은 더치스, 오른쪽은 크라운 트렌트, 아래는 로열앨버트, 우: 뒤쪽은 해머슬리의 저그와 슈거 볼 세트, 아래쪽은 애더럴리의 저그와 슈거 볼

도 찻잔 안에 적혀 있고 파인 본차이나로 꽃그림이 예쁘다. 더치스(Duchess)의 본차이나는 1888년 영국의 스토크온트렌트(Stoke-on-Trent)에 설립된 도자기 회사로 공작부인처럼 우아한 디너 웨어 세트를 목표로 하는 회사다. 더치스는 공작부인이라는 뜻이다. 로열앨버트의 찻잔 안에도 May라는 글자가 적혀 있으나 찻잔받침이 없어 다른 은방울꽃 찻잔을 빌려 사용해야 할 것이다. 은방울꽃이 그려진 해머슬리(Hammersley)와 애더럴리(Adderely)의 파인 본차이나의 저그와 슈거 볼도 유용하게 사용될 것이다.

## 우바 홍차

**| 우바 홍차 |** 벵골만에 접한 해발 1,400~1,700m의 산악지대에 있으므로 하이 그로운에 속한다. 7~8월은 향기가 가장 고조되는 시기다. 이 시기를 딤블라차 구역의 1월과 함께 '향기

의 계절(flavory season)'이라고 하는데, 차밭 주변에 충만한 찻잎 향기가 매우 상쾌하고 우아하다. 우바 향기(Uva flavor)가 날 수 있는 생산 기간은 한정되어 있기 때문에 생산량도 적고 희소가치가 있다. 황색계 색소는 컵 가장자리 부분에 나타나고 적색 색소는 찻물색 깊은 부분에 나타난다. 금환을 나타내는 차는 탄닌과 플라본 색소가 많은 양질의 잎을 원재료로 사용해 만든 고급 차라는 증거가 된다. 우바 차는 떫은맛이 좀 나지만 맛이 좋으며 시즌의 차는 특유의 강한 민트 향과 꽃 향이 난다. 품질 변화가 심해 시즌이 아닌 차는 떫은맛이 강하고 찻물색도 진해 밀크티로 어울린다.

2017년 방문한 할페와테(Halpewatte, Halpe tea)의 차 공장에서 직접 구입한 페코(Pekoe), FBOP, BOP, FF 등급 중에서 FBOP를 선택했고 찻잔은 민트색인 영국의 로열 그래프톤(Royal Grafton)사 것을 사용했다.

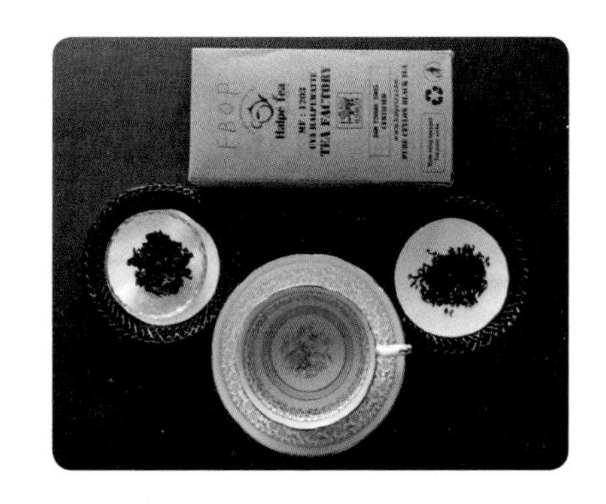


### 일반적인 관능적 특징

이 차 공장은 1940년 시작되었다. 홍차는 전혀 블렌딩하지 않은 싱글 오리진을 출시하며, 해발 1,400m 고산지대로 8월에 제다한 것이 좋은 차다. 외관은 암녹색이고 형태는 부서진 상태로 가늘며 찻물색은 진한 등황색을 띤다. 맛은 약간 떫고 향은 민트 향과 풋풋한 풀 향이 특징이다.

우바 홍차(FBOP)의 향기 Top 10

| 순위 | 화합물 | 함량(peak %) | 향기 묘사 |
|---|---|---|---|
| 1 | 메틸살리실레이트 | 11.10 | 민트 향 |
| 2 | 리나롤 | 11.03 | 은방울꽃 향, 감귤류 향 |
| 3 | 트랜스-2-헥세날 | 7.59 | 풋풋한 향 |
| 4 | 페닐아세트알데히드 | 4.67 | 히아신스꽃 향 |
| 5 | 리나롤 옥사이드 II | 3.74 | 달콤한 향, 꽃 향 |
| 6 | 파르네센 | 3.60 | 나무 향, 풋풋한 향 |
| 7 | 시스-3-헥세놀 | 3.34 | 풋풋한 향, 사과 향 |
| 8 | 헥사날 | 3.08 | 풋풋한 향 |
| 9 | 제라니올 | 1.97 | 장미꽃 향 |
| 10 | 트랜스-2-헥세놀 | 1.81 | 풋풋한 향, 사과 향 |
| 11 | 리나롤 옥사이드 I | 1.58 | 달콤한 향, 꽃 향 |

### 분석 결과로 본 향기의 조합

우바(Uva) 홍차는 관능적으로 민트 향이 많다고들 한다. 홍차의 향기를 세계 최초로 분석 연구한 해는 1916년이다. 그때는 단 한 개 화합물을 분석했는데 그것이 민트 향이 나는 메틸살리실레이트(methyl salicylate)인 것을 보면 그때 시료로 사용한 홍차가 우바 홍차가 아닌가 싶다. 발효를 충분히 하면 많이 생성되는 히아신스꽃 향의 페닐아세트알데히드도 비교적 많았으며 나무 향을 띠는 파르네센도 우바의 특징적 향에 기여하는 듯했다.

## 로열 그래프톤 찻잔 이야기

로열 그래프톤(Royal Grafton)사는 1876년 알프레드 베일리 존스가 영국 스태퍼드셔, 스토크온트렌트(Stoke-on-Trent)에 설립한 도자기 회사로, 빅토리아 여왕으로부터 로열 칭호를 받았다. 우바의 홍차 향기 성분으로 민트 향이 나는 메틸살리실레이트가 가장 많아 민트색 찻잔에 담아 보았다.

## 도자기 이야기

도자기(陶磁器, pottery)는 원료와 유약 여부, 구워진 온도 등에 따라 토기, 도기, 석기, 자기로 분류된다. 도자기를 영어로 포셀린(porcelain, fine china)이라고 하는데 이는 본래 마르코 폴로가 중국에서 본 도자기가 포르셀라나(Porcellana)에서 유래했고, 고령토와 백돈자(白墩子, 중국에서만 발견되는 장석(長石)의 일종)를 섞어 높은 온도에서 구운 것을 말한다. 1,300℃ 이상에서 구운 것을 자기(瓷器, porcelain)라 하고 800~1,000℃에서 구운 것을 도기(陶器, earthenware)라고 한다(온도출처: 조용준, 《유럽 도자기 여행》).

자기에는 연질자기와 경질자기가 있는데 중국의 경질자기와 비슷한 비법은 독일 작센에 있는 마이센 공장에서 1707년경 자기 연구에 돌입하여 1710년경 뵈트거가 만들어냈다. 도기는 서양에서는 점토를 이용하여 높은 온도에서 구운 것을 말한다. 유약도 칠하지만 흙이 유리질화하지 않았기 때문에 기공이 있다. 석기(炻器)는 여러 가지 점토를 반죽·성형하여 높은 온도에서 구우며 유약을 사용하지 않은 불투명한 도자기다. 유약을 바를 필요는 없지만 장식하려고 바르기도 한다. 웨지우드의 제스퍼웨어가 유명하다.

### 등급별 향기 성분 차이

할페와테(Halpewatte, Halpe tea)의 차 공장을 방문했을 때 스리랑카는 다른 나라와 달리 FOP 등급은 잘 볼 수 없었다. 브로큰에서는 제조 공정의 프로그램에 따라서 분쇄도를 달리했다. 할페와테의 차 공장에서 페코(Pekoe), FBOP, BOPsp, FFsp 네 종류의 홍차를 같은 가격에 구입했다. sp는 special이고 FF는 flowery fanning의 약자다. 어떤 등급이 품질이 더 좋다고 표현하기보다 각각의 홍차가 특징이 달라 시음해 보고 기호에 맞는 홍차를 선택하게 하며 가격도 동일하다. 개인적으로는 FBOP 등급이 가장 좋았다.

우바 할페와테 홍차의 등급별 우린 찻물색

우바 할페와테 차 공장

우바 할페와테 홍차의 등급별 홍차와 엽저

## 우바 페코

### 일반적인 관능적 특징

페코(Pekoe)는 싹을 제외하고는 두 번째 잎을 주로 이용한 홍차다. 건조한 차에서는 풀 향과 꽃 향이 나며 찻물색은 연한 주황색으로 맛은 떫지 않고 약하며 향은 풀 향이 있다.

**우바 페코의 향기 Top 10**

| 순위 | 화합물 | 함량(peak %) | 향기 묘사 |
|---|---|---|---|
| 1 | 리나롤 | 17.14 | 은방울꽃 향, 감귤류 향 |
| 2 | 메틸살리실레이트 | 12.88 | 민트 향 |
| 3 | 트랜스-2-헥세날 | 10.14 | 풋풋한 향 |
| 4 | 시스-3-헥세놀 | 4.76 | 풋풋한 향 |
| 5 | 페닐아세트알데히드 | 4.76 | 히아신스꽃 향 |
| 6 | 리나롤 옥사이드 II | 3.61 | 달콤한 향, 꽃 향 |
| 7 | 베타-이오논 | 2.93 | 꽃 향 |
| 8 | 트랜스-2-헥세놀 | 1.84 | 풋풋한 향, 사과 향 |
| 9 | 네롤리돌 | 1.33 | 백합꽃, 사과, 나무 향 |
| 10 | 리나롤 옥사이드 I | 1.17 | 달콤한 향, 꽃 향 |

## 분석 결과로 본 향기의 조합

등급별 향기 비교에서 특이한 점은 장미 향을 띠는 성분인 제라니올이 페코에서만 동정되지 않았다는 것이다. 그 이유는 꽃 향이 있는 FOP와는 먼 거리에 있는 두 번째 잎을 주로 이용했기 때문에 제라니올이 거의 없는 것 같다. 풋풋한 향을 띠는 화합물은 전체적으로 네 시료 중 제일 함량이 높았다.

## 우바 BOPsp

### 일반적인 관능적 특징

BOPsp(special) 외관은 FBOP보다 더 부서진 형태이며 찻물색은 FBOP보다 더 진한 오렌지색이다. 맛은 끝맛이 떫고 향은 꽃 향과 함께 단맛이 올라온다. 가장 홍차다운 향미와 색을 가지고 있다. 이것이 통상 다른 나라에 수출될 때는 FBOP 등급보다 BOP 등급이 일반적인 이유가 되는 것 같다.

**우바 BOPsp의 향기 Top 10**

| 순위 | 화합물 | 함량(peak %) | 향기 묘사 |
|---|---|---|---|
| 1 | 메틸살리실레이트 | 9.70 | 민트 향 |
| 2 | 리나롤 | 9.18 | 은방울꽃 향, 감귤류 향 |
| 3 | 리나롤 옥사이드 II | 9.18 | 달콤한 향, 꽃 향 |
| 4 | 트랜스-2-헥세날 | 6.78 | 풋풋한 향, 사과 향 |
| 5 | 페닐아세트알데히드 | 5.62 | 히아신스꽃 향 |
| 6 | 베타-이오논 | 3.06 | 꽃 향 |
| 7 | 시스-3-헥세놀 | 2.41 | 풋풋한 향 |
| 8 | 제라니올 | 2.31 | 장미꽃 향 |
| 9 | 네롤리돌 | 1.69 | 백합꽃, 사과, 나무 향 |
| 10 | 리나롤 옥사이드 I | 1.62 | 달콤한 향, 꽃 향 |

### 분석 결과로 본 향기의 조합

잎차인 페코를 제외한 파쇄형은 향기에서도 공통점이 많다. 민트 향을 띠는 메틸살리실레이트 함량이 가장 많고 그다음이 홍차에서 일반적으로 많이 동정되는 리나롤이다. 꽃 향의 특징을 띠는 화합물은 전체적으로 BOPsp에서 가장 많은 함량을 나타냈다.

## 우바 FFsp

### 일반적인 향기 특징

FFsp는 flowery fannings 등급으로 건조 잎의 입자는 작으며 찻물색은 가장 진한 주홍색을 나타냈다. 맛은 패닝이라도 부드러운 편이고 떫은맛이 끝에 있다. 꽃 향과 단 향이 어우러져 있다.

**FFsp의 향기 Top 10**

| 순위 | 화합물 | 함량(peak %) | 향기 묘사 |
|---|---|---|---|
| 1 | 메틸살리실레이트 | 9.46 | 민트 향 |
| 2 | 리나롤 | 9.29 | 은방울꽃 향, 감귤류 향 |
| 3 | 트랜스-2-헥세날 | 6.35 | 풋풋한 향, 사과 향 |
| 4 | 페닐아세트알데히드 | 4.96 | 히아신스꽃 향 |
| 5 | 리나롤 옥사이드 II | 3.19 | 달콤한 향, 꽃 향 |
| 6 | 시스-3-헥세놀 | 2.37 | 풋풋한 향 |
| 7 | 베타-이오논 | 2.21 | 꽃 향 |
| 8 | 네롤리돌 | 1.94 | 백합꽃, 사과, 나무 향 |
| 9 | 제라니올 | 1.81 | 장미꽃 향 |
| 10 | 트랜스-2-헥세놀 | 1.21 | 풋풋한 향 |

### 분석 결과로 본 향기의 조합

우바의 FFsp는 패닝이라고 해도 flowery fannings라 그런지 향기 면에서 다른 등급과 전혀 기죽지 않는 성분으로 구성되어 있다. 향기 구성을 BOP와 비교하면 Top 10 중 9개 화합물이 일치하고 순서만 약간 다르다.

### 우바 할페와테 홍차의 등급별 네 시료의 향기 고찰

각 시료의 향기 Top 10을 고찰하는 것이 아니라 전체 향기화합물을 고찰하는 것이다. 각 시료에서 공통적으로 많이 함유되어 있는 화합물은 은방울꽃과 감귤류에 많이 포함되어 있는 리나롤, 그 산화물인 리나롤 옥사이드, 히아신스꽃 향을 띠는 페닐아세트알데히드와 민트 향이 나는 메틸살리실레이트 등이다. 우바 홍차류에서 꽃 향의 특징을 띠는 화합물은 BOPsp(35.48%) > FBOP(33.92%) > Pekoe(32.3%) > FFsp(27.2%)로 나타났는데 서로 큰 차이는 없다. 특히 장미 향을 띠는 성분인 제라니올은 페코에서는 동정되지 않는다. 그 이유는 페코는 싹을 제외하고는 두 번째 잎을 주로 이용하므로 제라니올이 거의 없기 때문으로 생각된다.

풋풋한 향의 특징을 띠는 화합물은 Pekoe(19.39%) > FBOP(15.33%) > BOPsp(12.64%) > FFsp(11.87%) 순으로 잎의 형태가 아니고 파쇄가 많이 될수록 적어졌다. 홍차에서 동정된 카로티노이드계 분해물인 알파-이오논과 베타-이오논은 모든 시료에서 동정되었으나 에폭시-베타 이오논 화합물은 페코를 제외한 나머지 시료에서만 동정되었다.

머스캣 향과 관련 있는 3,7-디메틸-1,5,7-옥타트리엔-3-올은 모든 시료에서 동정되었으며 네 가지 시료 중 브로큰이 아닌 페코에서 다소 높게 나타났다. 민트 향과 관련 있는 메틸살리실레이트는 잎차인 페코에서만 함량순서에서 1위인 리나롤(17.14%)보다 다소 떨어졌지만(12.88%) 파쇄형인 세 종류 시료에서는 모두 함량 1위를 차지했다. 세계의 다른 홍차류와 비교했을 때 우바 홍차가 관능적으로 차별화되는 것이 민트 향을 띠는 메틸살리실레이트 때문인 것으로 생각된다.

## 우바 랑카티스(OP) 홍차

랑카티스(Lanka teas) 제품 중 가장 높은 등급인 OP 등급의 갈루(Gallu, 검은색)라는 제품을 스포드(Spode)사 찻잔에 담았다.

### 일반적인 관능적 특징

'랑카'는 현지인들이 스리랑카를 부르는 일종의 애칭인데 '랑카티스(Lanka teas)'라는 브랜드(경기 용인시)로 국내에서 실론차를 판매하며 지금은 종류가 늘어났지만 시료를 구입할 때는 네 종류가 있었다. '갈루'라는 제품은 랑카티스 제품 중 등급이 가장 높은 OP 등급으로 잎이 커서 부드럽게 우러나므로 진한 차를 마시지 못하는 사람에게 좋고 통상 3g에 300ml, 3분을 우려 마시는 방법과 달리 우리는 시간을 짧게 해서 더 부드럽게 마시는 것이 좋다.

**랑카티스 우바(OP)의 향기 Top 10**

| 순위 | 화합물 | 함량(peak %) | 향기 묘사 |
|---|---|---|---|
| 1 | 메틸살리실레이트 | 7.60 | 민트 향 |
| 2 | 리나롤 | 7.29 | 은방울꽃 향, 감귤류 향 |
| 3 | 트랜스-2-헥세날 | 6.73 | 풋풋한 향, 사과 향 |
| 4 | 리나롤 옥사이드 II | 4.51 | 달콤한 향, 꽃 향 |
| 5 | 헥사날 | 3.89 | 풋풋한 향 |

| 6 | 베타-이오논 | 3.45 | 꽃 향 |
|---|---|---|---|
| 7 | 벤즈알데히드 | 2.01 | 아몬드 향 |
| 8 | 시스-3-헥세놀 | 2.00 | 풋풋한 향 |
| 9 | 리나롤 옥사이드 I | 1.82 | 달콤한 향, 꽃 향 |
| 10 | 제라니올 | 1.81 | 장미꽃 향 |

### 분석 결과로 본 향기의 조합

랑카티스 우바(OP)는 FBOP보다 전체적으로 향은 약하다. 그러나 Top 3까지는 향기화합물의 구성이 같고 메틸살리실레이트가 향기 조성에서 1위를 차지한 것을 보면 우바 홍차의 특징이 민트 향이라는 것을 잘 보여주는 것 같다. 전반적으로 향이 약한 이유는 FBOP는 스리랑카 현장에서 직접 가져온 점도 있고 브로큰이 아니라 잎차라는 점을 들 수 있다.

### 스포드(Spode) 찻잔 이야기

스포드(Spode)사는 조사이어 스포드(Josiah Spode)가 1770년 영국 도예의 고향이라고 할 수 있는 스태퍼드셔의 스토크온트렌트에 설립한 회사다. 1747년 설립된 영국의 본 요업에서 동물 뼛가루를 혼합하여 새로운 도자기 기술을 먼저 개발했는데 스포드사는 그것을 잘 보완해 본차이나(Bone China)를 도입(1796)했다. 영국을 비롯해 유럽에서는 중국 도자기를 받아들여 도자기를 차이나라고 하게 되었다.

스포드 1세는 소뼈를 20% 정도 혼합하여 본차이나를 만들어 창업 30여 년 후 실용

화했다. 스포드 2세는 뼈 비율을 50% 혼합하여 상품가치를 더욱더 높인 파인 본차이나(Fine Bone China)를 만들었다. 스포드사는 1784년 블루 전사 프린팅 기법(빅토리아앤앨버트박물관을 방문했을 한 코너에 그 기법이 잘 설명되어 있었다)을 성공시켜 비싼 핸드 페인티드 도자기에서 벗어나 일반인들도 도자기를 쉽게 접할 수 있게 해주었다. 윌로우(Willow, 1790)나 블루 이탈리안(Blue Italian, 1816)은 지금까지 사랑받는 디자인이다. 여기에 사용한 스포드사 찻잔은 1950년에 생산된 코플란드 페프로(Copeland Peplow) 라인으로 꽃이 많아 화사하다. 스포드사는 1827년 코플란드(Copeland)라는 이름으로 운영되다가 1970년 다시 스포드사로 돌아왔으나 2009년 포트메리온(Portmerion)에 합병되었다.

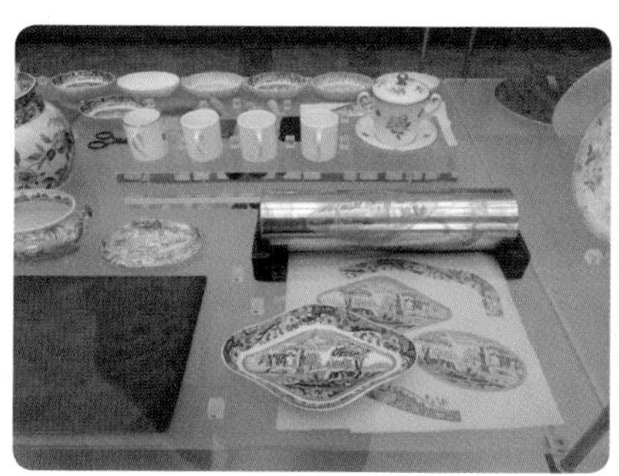
블루 전사 프린팅 기법, 빅토리아앤앨버트박물관

스포드의 블루 이탈리안 제품들

## 딤블라 홍차

**| 딤블라 홍차 |** 딤블라 홍차 다원은 누와라엘리야 행정구에 속하지만 스리랑카 중앙 고산지 서쪽 경사면에 있다. 해발 1,100~1,600m 범위에 다원과 공장이 많다. 1월 말에서 3월에

생산되는 차(퀴알리티 시즌)가 최고급이다. BOP와 BOPF가 많이 생산된다. 향미에 균형이 잡혀 있으나 전반적으로 특징이 거의 없어서 오히려 싫증나지 않게 마실 수 있다.

2017년 일본 도쿄의 매장에서 구입한 루피시아(Lupicia)의 실론 딤블라(Dimbula) 홍차(5024)를 테오도어 하빌랜드(프랑스) 찻잔에 담았다.

### 일반적인 관능적 특징

외관은 암갈색으로 CTC 정도로 잘게 분쇄되어 브로큰된 작은 입자의 차로 균일하다. 찻물색은 홍갈색으로 브로큰 홍차라 색깔이 진한 편이며 향은 특징이 없는 것 같으나 루피시아의 소책자에는 과일 맛이 난다고 소개하고 있다. 떫은맛이 강하며 밀크티용으로 어울릴 것 같다.

**스리랑카 홍차**(딤블라, 루피시아)**의 향기 Top 10**

| 순위 | 화합물 | 함량(peak %) | 향기 묘사 |
|---|---|---|---|
| 1 | 리나롤 | 7.64 | 은방울꽃 향, 감귤류 향 |
| 2 | 메틸살리실레이트 | 7.25 | 민트 향 |
| 3 | 시스-3-헥세놀 | 5.15 | 풋풋한 향 |
| 4 | 페닐아세트알데히드 | 4.18 | 히아신스꽃 향 |
| 5 | 베타-이오논 | 3.20 | 꽃 향 |
| 6 | 제라니올 | 2.51 | 장미꽃 향 |
| 7 | 리나롤 옥사이드 II | 2.45 | 달콤한 향, 꽃 향 |

| 8 | 헥사날 | 2.34 | 풋풋한 향 |
|---|---|---|---|
| 9 | 트랜스-2-헥세날 | 2.03 | 풋풋한 향, 사과 향 |
| 10 | 벤즈알데히드 | 1.24 | 아몬드 향 |

### 분석 결과로 본 향기의 조합

전반적으로 향기 Top 10의 함량이 낮게 나타났다. 우바 홍차에서는 대부분 민트 향이 나는 메틸살리실레이트가 1위였는데 딤블라에서는 2위로 떨어졌다. 우바 홍차에 비해 풋풋한 향을 내는 화합물 함량도 적었다. 발효된 홍차의 특징인 히아신스꽃 향이 나는 페닐아세트알데히드도 리나롤 다음으로 많으나 전반적으로 큰 특징이 없다는 것이 Top 10 구성으로도 알 수 있었다.

### 루피시아 차 브랜드 이야기

1994년 8월 L'EPICIER('식료품상인'이라는 프랑스어)로 출발하여 2005년 9월에 루피시아(Lupicia)로 재탄생한 일본의 브랜드다. 연간 400여 종의 차류를 판매하며 오리지널 브랜드 티는 물론이고 프랑스의 마리에주 프레르처럼 가향차를 만든 뒤 스토리텔링하여 이름을 붙인다. 일본인다운 예쁜 소포장, 특히 차를 담은 캔 모양 케이스가 마음을

일본 루피시아 본점 매장

사로잡는다. 차도구와 소품도 많다. 본점은 일본 도쿄의 '지유가오카'라는 곳에 있는데 티룸에서 런치나 티타임을 즐길 수 있다. 2006년 9월 서울 압구정에 한국 1호로 로데오점을 열었다.(https://www.lupicia.com)

## 하빌랜드 찻잔 이야기

프랑스에서 생산된 하빌랜드(Haviland)의 앤티크 찻잔을 사용했다. 1842년 프랑스의 리모주에 설립된 하빌랜드의 제품들은 미국에서 개최된 세계박람회에 소개된 후부터 미국인들이 애용하게 되었다. 리모주에는 도자기 공장이 많지만 하빌랜드 도자기들이 특별한 것은 전문 화가가 아름다운 제품을 만들기 때문이다. 찻잔이 얇고 색감이 전체적으로 은은하다. 작은 분홍 장미들이 귀여우며 올록볼록 엠보싱(돋을무늬 기법) 되어 있다. 가장자리에 레이스 양각처리가 되어 있으며 금박으로 테두리를 두른 것이 아니라 부분적으로 칠을 했다. 찻잔 안에까지 그림이 있다.

## 앤티크와 빈티지

앤티크(Antique)가 100년 이상 된 골동품을 지칭한다면 빈티지(Vintage)는 '고전적인, 전통 있는'이라는 사전적 의미가 있으며 통상 15년이나 20년은 지난 제품을 칭한다. 국내에서 앤티크·빈티지 제품은 전문 숍이나 앤티크카페 등에서 구입할 수 있으며 인터넷 밴드, 블로그나 카카오스토리 등에서도 접할 수 있다. 외국에 있는 제품을 직접 구매할 수도 있다.

## 캔디 홍차

**| 캔디(Kandy)의 홍차 |** 캔디 왕국 최후의 수도인 이곳에는 문화유산이 많으며 이 지역 차는 해발 600~800m의 다소 낮은 곳에 있지만 루후나보다 높아 미디엄 그로운차라고 한다. 우바와 달리 계절풍의 영향을 받지 않아 일 년 내내 품질이 안정적이다. 그래서 블렌딩이나 베리에이션에 적합하다. 실험실에서 카테킨을 분석했는데 함량이 너무 적어 실험이 잘못된 줄 알았을 정도다. 탄닌이 적어 크리밍 현상이 나타나지 않아 아이스티용으로 좋다. 실론차의 아버지라 불리는 제임스 테일러(James Taylor)는 1852년 이곳에 와서 1866년 아쌈 품종의 씨를 뿌렸다. 스리랑카에서 캔디 제품은 흔하지 않으며 생산품은 대부분 블렌딩 홍차 제조용으로 사용된다.

2017년 스리랑카에서 직접 구입한 OP와 FBOP 홍차를 흰색 국산 다기에 담아 색깔을 비교했다.

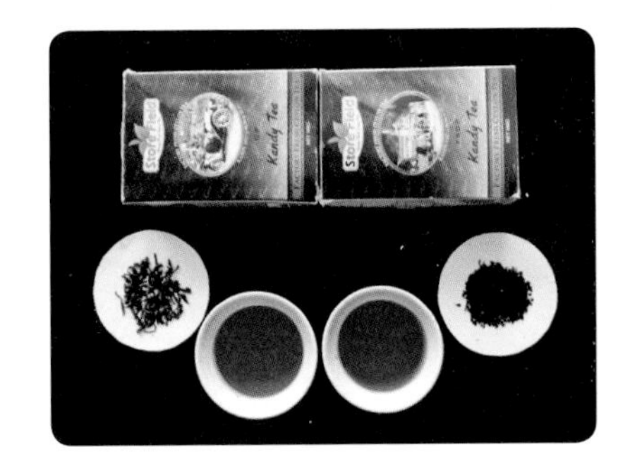

#### 일반적인 관능적 특징

캔디 OP의 외관은 어두운 녹색이며 잎이 길고 끝은 구부러진 형태다. 찻물색은 주황색이며 향은 풀 향이 나는 듯하나 비교적 약하며 떫은맛이 별로 없어 부드럽다. 엽저 색은 갈색이며 풀 향이 은은하게 남아 있다.

**캔디 OP의 향기 Top 10**

| 순위 | 화합물 | 함량(peak %) | 향기 묘사 |
|---|---|---|---|
| 1 | 리나롤 | 7.17 | 은방울꽃 향, 감귤류 향 |
| 2 | 페닐아세트알데히드 | 5.82 | 히아신스꽃 향 |
| 3 | 트랜스-2-헥세날 | 5.35 | 풋풋한 향, 사과 향 |
| 4 | 메틸살리실레이트 | 3.90 | 민트 향 |
| 5 | 베타-이오논 | 3.21 | 꽃 향 |
| 6 | 2-베타-피넨 | 2.42 | 허브 향, 솔잎 향 |
| 7 | 헥사날 | 2.23 | 풋풋한 향 |
| 8 | 캄퍼 | 2.20 | 장뇌 향 |
| 9 | 벤즈알데히드 | 1.40 | 아몬드 향 |
| 10 | 리나롤 옥사이드 II | 1.34 | 달콤한 향, 꽃 향 |

### 분석 결과로 본 향기의 조합

발효로 생성되는 히아신스꽃 향이 나는 페닐아세트알데히드 함량이 두 번째로 많지만 풋풋한 향을 내는 트랜스-2-헥세날 함량과 큰 차이가 나지 않았으며 함량 일곱 번째 풀 향기의 헥사날을 비롯해 여섯 번째로 많은 솔잎 향 등이 이 차의 전체적 관능을 풀 향으로 이끄는 원인으로 작용하는 것 같았다.

## 캔디 FBOP

2017년 스리랑카에서 직접 구입한 FBOP 홍차를 2014년 출시된 영국산 로열앨버트 찻잔(노란색 나비 찻잔)에 담았다.

### 일반적인 관능적 특징

외관은 골든 팁이 혼합된 짙은 녹색이며 잎은 잘게 부서진 형태다. 건조한 차에서도 향기가 나며 풀 향 끝에 신선한 꽃 향이 느껴진다. 찻물색은 주홍색이며 향이 비교적 강하다. 꽃 향과 함께 단 향이 난다. 약간 떫은맛이 나며 입안에 꽃 향과 단 향이 남아 있다. 엽저 색은 갈색이며 꽃 향은 적게 남아 있다.

**캔디 FBOP의 향기 Top 10**

| 순위 | 화합물 | 함량(peak %) | 향기 묘사 |
|---|---|---|---|
| 1 | 트랜스-2-헥세날 | 12.47 | 풋풋한 향, 사과 향 |
| 2 | 리나롤 | 7.45 | 은방울꽃 향, 감귤류 향 |
| 3 | 메틸살리실레이트 | 7.24 | 민트 향 |
| 4 | 헥사날 | 6.59 | 풋풋한 향 |
| 5 | 2-페닐에탄올 | 6.28 | 장미꽃 향 |
| 6 | 시스-3-헥세놀 | 4.59 | 풋풋한 향 |
| 7 | 베타-이오논 | 4.21 | 꽃 향 |
| 8 | 시스-2-헥세놀 | 3.20 | 풋풋한 향 |
| 9 | 2-메틸부타날 | 2.16 | 초콜릿 향 |
| 10 | 캄퍼 | 2.05 | 장뇌 향 |

### 분석 결과로 본 향기의 조합

전체적으로 풀 향을 띠는 트랜스-2-헥세날이 많으나 리나롤이나 메틸살리실레이트는 상큼한 향을 부가하며 장미꽃 향을 띠는 2-페닐에탄올도 의외로 많아 꽃 향에 기여했다. 달콤하고 초콜릿 향을 내는 2-메틸부타날이 제법 많이 들어 있었다.

## 로열앨버트 찻잔 이야기

1896년 토머스 클락 와일드(Thomas Clark Wild)가 영국의 스토크온트렌트, 롱턴(Longton)에서 가족 공방인 와일드 앤 선즈(T. C. Wild&Sons)를 열었다. 1897년 빅토리아 여왕 즉위 60주년을 기념하기 위하여 왕실기념 도자기세트를 만들었고 1904년 빅토리아 여왕의 남편 이름을 따서 로열앨버트(Royal albert)라는 이름을 사용하면서 가업을 성장시켰다. 1904년 이래 파인 본차이나도 제조하게 되었다. 1920년에는 영국의 시골 정원과 나무에서 영감을 받아 빅토리아 친즈(Chintz)를 출시하고 친즈부터 아

좌: 로열앨버트 1950년 생산. 세뇨리타는 레이스 그림이 마치 진짜 레이스를 붙인 것처럼 정교하다.
우: 로열앨버트 100주년 기념잔

트 데코(Art Deco)까지 플로랄(floral) 패턴을 발달시켰다. 1962년에는 황실장미 패턴(Old country roses)으로 세계를 휩쓸었다. 2006년 회사 설립 100주년 찻잔이 출시되었으며 2012년 황실장미 출시 50주년을 기념하여 뉴 컨트리 로즈(New country roses) 패턴이 출시되었다. 2014년에는 슈퍼모델 미란다 커(Miranda Kerr)의 애프터눈티 파트너로 작약과 나비 시리즈를 선보였다.(www.royalalbert.com/)

## 센클레어즈 홍차

| **센클레어즈**(St. Clair's, 로 그로운 지역) **홍차** | 저산지인 타라와켈레 지역에 있는 센클레어즈는 1875년 영국인 제임스(James W. Ryan)가 설립한 다원이다. 다원이 산으로 둘러싸여 있고 주변에 폭포가 있다. 이런 환경에서 자라는 차는 특유의 향미를 준다. 다원의 신선하고 순수한 찻잎부터 티포트까지 차 한 잔을 마실 때마다 제임스의 업적은 살아난다.

### 센클레어즈 FP

2017년 스리랑카에서 직접 구입한 센클레어즈의 저지대 홍차 FP(Flowery Pekoe)를 스리랑카 현지에서 구입한 노리타케 찻잔에 담았다.

### 일반적인 관능적 특징

외관은 짙은 암녹색이며 잎 끝이 둥글게 말린 형태로 담배 냄새가 나는 것 같다. 찻물색은 주황색이며 향은 풀 향이 나는 듯하나 비교적 약하며 떫은맛이 별로 없어 부드럽다. 엽저 색은 갈색이며 풀 향이 은은하게 남아 있다.

노란색 차통에는 "차 외관은 단단하게 말려 탄환(lead shot)을 연상하게 하는 작은 입자로 보이고 갈색을 띠는 깊은 매트 블랙색을 지녔으며 뜨거운 물을 부으면 체스트넛처럼 우아하게 펼쳐지고 골드브라운의 찻물색이 되며 어렴풋한 시트러스꽃 향에 부드러운 벌꿀 향을 부여한다"라고 설명되어 있다.

**센클레어즈 Flowery Pekoe의 향기 Top 10**

| 순위 | 화합물 | 함량(peak %) | 향기 묘사 |
|---|---|---|---|
| 1 | 메틸살리실레이트 | 12.49 | 민트 향 |
| 2 | 리나롤 | 7.56 | 은방울꽃 향, 감귤류 향 |
| 3 | 트랜스-2-헥세날 | 5.09 | 풋풋한 향, 사과 향 |
| 4 | 베타-이오논 | 4.74 | 꽃 향 |
| 5 | 페닐아세트알데히드 | 4.52 | 히아신스꽃 향 |
| 6 | 헥사날 | 2.23 | 풋풋한 향 |
| 7 | 시스-3-헥세놀 | 1.82 | 풋풋한 향 |
| 8 | 네롤리돌 | 1.66 | 백합꽃, 사과, 나무 향 |
| 9 | 트랜스-베타-다마스케논 | 1.57 | 장미꽃 향 |
| 10 | 트랜스-2-헥세놀 | 1.50 | 풋풋한 향 |

## 분석 결과로 본 향기의 조합

이 홍차가 고산지 홍차 성분과 큰 차이가 나는 것은 향기 Top 10에 장미꽃 향인 제라니올이 함유되어 있지 않기 때문이다. 우바 홍차의 경우 페코에만 Top 10에서뿐 아니라 전체 향기화합물에도 제라니올이 없었는데 이 시료도 Flowery Pekoe지만 제라니올이 포함되어 있지 않았다. 우바 홍차의 특징처럼 민트 향이 나는 메틸살리실레이트가 제일 많이 포함되어 있었다. 세 번째로 많은 트랜스-2-헥세날과 6위의 헥사날, 7위의 시스-3-헥세놀과 10위의 트랜스-2-헥세놀 등 풀 향이 네 개나 들어 있어 이 시료가 전체적으로 관능적인 특성인 풀 향을 띠는 원인으로 작용하는 것 같았다. 9위인 트랜스-베타-다마스케논은 다른 홍차류에는 10위 안에 잘 포함되지 않는 장미꽃 향을 띠는 화합물이다.

## 센클레어즈 FBOP

2017년 스리랑카에서 직접 구입한 센클레어즈의 저지대 FBOP 홍차에는 히아신스꽃 향이 나는 페닐아세트알데히드가 가장 많아 히아신스꽃을 그린 찻잔(서우공방, 서울

센클레어즈의 FP와 FBOP 비교

노원구)을 주문 제작해 사용했다.

### 일반적인 관능적 특징

FBOP 외관은 암녹색이나 FP보다 녹색이 강하다. 길게 부서진 형태이며 건조한 차에서는 풀 향이 나나 FP보다 강하지 않다. 찻물색은 선명한 주홍색이며 처음에는 꽃향과 단 향이 난다. 떫은맛이 있으며 엽저 색은 갈색이고 단 향이 남아 있다. 노란색 통에는 이 차 외관의 잘라지고 구부러진 형태가 마치 철사가 잘라진 것처럼 보이고 찻물색이 원숙한 골든 레드를 띤다고 쓰여 있다.

**센클레어즈 FBOP의 향기 Top 10**

| 순위 | 화합물 | 함량(peak %) | 향기 묘사 |
|---|---|---|---|
| 1 | 페닐아세트알데히드 | 6.98 | 히아신스꽃 향 |
| 2 | 리나롤 | 6.49 | 은방울꽃 향, 감귤류 향 |
| 3 | 트랜스-2-헥세날 | 5.26 | 풋풋한 향 |
| 4 | 메틸살리실레이트 | 4.67 | 민트 향 |
| 5 | 시스-3-헥세놀 | 2.78 | 풋풋한 향 |
| 6 | 베타-이오논 | 2.71 | 꽃 향 |
| 7 | 시스-2-헥세놀 | 1.94 | 풋풋한 향 |
| 8 | 헥사날 | 1.77 | 풋풋한 향 |
| 9 | 리나롤 옥사이드 II | 1.73 | 달콤한 향, 꽃 향 |
| 10 | 3-메틸부타날 | 1.66 | 초콜릿 향 |

### 분석 결과로 본 향기의 조합

전반적으로 향은 강하지 않으나 히아신스꽃 향인 페닐아세트알데히드가 가장 많이 들어 있고 은은한 꽃 향이 나는 리나롤도 비슷하게 들어 있으나 장미 향인 제라니올은 없었다. 단 향이 나는 것은 리나롤 산화물인 리나롤 옥사이드 Ⅱ와 초콜릿 향이 나는 3-메틸부타날 때문이다.

## 스리랑카산 노리타케 찻잔 이야기

일본 나고야에 본사가 있는 명품도자기 노리타케(Noritake)는 1970년부터 서서히 공장시설을 규슈는 물론 스리랑카, 필리핀 등지로 이전했는데 스리랑카는 흙이 특히 좋다고 한다. 스리랑카에는 노리타케 팩토리 아웃렛이 여러 군데 있으며 개별제품도 판매하는데 A급 제품, B급 제품 등을 구분해 판매한다. 일본에서 판매하는 것과 같은 패턴을 값싸게 판매하다보니 우리나라 사람들이 여행 가면 가이드들이 늘 추천하는 곳이다. 필자는 홍차를 판매하는 매장에서 이 찻잔을 구입했는데 백마크에 노리타케 포셀린이라고 적혀 있다.

# 중국과 대만의 홍차

## | 중국 홍차 |

중국은 차의 발상지로 오룡차나 보이차가 우세해 중국 홍차는 유명하지 않은 것처럼 느껴지나 서남부에 위치한 안후이성 기문(祁門, Keemun) 홍차는 세계 3대 홍차에 들어간다. 푸젠성 정산소종(正山小種, Lapsang Souchong)이라는 소나무 훈연 향의 독특한 풍미를 지닌 홍차가 예부터 알려져 이 홍차야말로 가향차의 원조라고 한다. 윈난 홍차를 전홍(滇紅)이라고 하는데 윈난은 중국에서 홍차를 가장 많이 생산하며 전통적인 방법으로 많이 재배하나 CTC도 있다.

전홍은 기문 홍차와 달리 윈난의 중·대엽종 찻잎을 이용하여 제조한 차로 나름대로 독특한 향미가 있다. 인도와 스리랑카의 홍차가 유명하지만 홍차는 원래 중국에서 먼저 만들어졌다. 중국에서는 많은 양을 생산하는데 중국 홍차와 정산소종은 역사가 깊고 독특한 향미 때문에 일찍이 영국인들이 선호했다. 중국 홍차의 전체 생산량 중 약 90%가 수출된다. 중국 홍차는 대체로 향기가 부족하나 떫은맛이 적고 단맛이 나서 맛은 좋다고 평해진다.

## 기문 홍차

**| 기문**(Keemun) **홍차 |** 중국 서남부에 위치한 안후이성의 기문 홍차는 세계에 널리 알려진 품질 좋은 홍차다. 찻잎은 흑색으로 모양이 가늘고 8월에 딴 것이 최고급품이다. 최고급품은 난이나 장미꽃 향기가 난다고 한다. 맛이 부드럽고 단맛도 살짝 나며 훈연 향이 있다. 품질이 떨어지면 꽃 향이 부족하고 훈연 향이 강해진다. 찻물색은 등황색에서 암홍갈색까지 다양하다.

TWG사의 2016년 중국산 기문 홍차를 로열 코펜하겐 찻잔에 담았다.

### 일반적인 관능적 특징

외관이 짙은 녹색으로 형태는 작고 정교하며 훈연 향을 띤다. 찻물색은 투명한 주황색이고 향기는 스모키한 향을 띤다. 맛이 약간 구수해서 보이차를 연상시킨다. 통상적인 인도나 실론차와 다르며 목 넘길 때 단 향이 난다.

기문 홍차(TWG)의 향기 Top 10

| 순위 | 화합물 | 함량(peak %) | 향기 묘사 |
|---|---|---|---|
| 1 | 제라니올 | 7.81 | 장미꽃 향 |
| 2 | 리나롤 옥사이드 II | 4.63 | 달콤한 향, 꽃 향 |
| 3 | 페닐아세트알데히드 | 3.02 | 히아신스꽃 향 |
| 4 | 리나롤 | 2.90 | 은방울꽃 향, 감귤류 향 |
| 5 | 트랜스-2-헥세날 | 2.67 | 풋풋한 향, 사과 향 |
| 6 | 리나롤 옥사이드 I | 2.35 | 달콤한 향, 꽃 향 |
| 7 | 리나롤 옥사이드 IV | 2.21 | 풋풋한 향 |
| 8 | 메틸살리실레이트 | 1.91 | 민트 향 |
| 9 | 베타-이오논 | 1.67 | 꽃 향 |
| 10 | 2-페닐에탄올 | 1.59 | 장미꽃 향 |

### 분석 결과로 본 관능적 특징

장미꽃 향을 띠는 테르펜 알코올인 제라니올이 제일 많이 포함되어 있었다. 제라니올 함량이 많은 것은 품종이 소엽종이라는 의미다. 모든 홍차에 있는 리나롤은 세 번째에 있지만 그것의 산화물인 리나롤 옥사이드는 네 종류 중 세 종류가 포함되어 있었다. 방향족 알코올로 장미 향을 띠는 2-페닐에탄올도 10위 안에 있으며 흔히 많은 사람이 고급 기문 홍차에서 장미 향과 더불어 난 향이 난다고 느끼는 것은 2-페닐에탄올의 산화물인 히아신스꽃 향이 나는 페닐아세트알데히드 때문이라 생각되었다. 훈연 향의 원인이 되는 화합물은 Top 10 안에는 포함되지 않았으나 전체 향기화합물 구성에는 포함되어 있었다.

## 로열 코펜하겐 찻잔 이야기

덴마크의 로열 코펜하겐(Royal Copenhagen)은 마이센, 헤렌드와 더불어 세계 3대 도자기에 속한다. 1775년 덴마크 왕립 포셀린 공장으로 시작되어 거의 100년 후 로열 칭호를 받았고 1868년 민영화되었다. 자국의 식물도감을 모티브로 한 플로라 다니카(Flora Danica)는 너무 고가라 일반인이 근접하기 어려운 작품이지만 1,000번 이상 붓질했다는 블루 플루티드(Blue Fluted)도 잘 알려져 있다. 플루티드(Fluted)는 세로로 홈을 파낸다(flute)에서 왔고 디자인이 하얀 바탕에 청색으로 요철과 길게 파인 홈 모양이 늘어져 있다. 이것은 중국 청화백자의 영향을 받은 것으로 크게 세 가지 라인이 있다. 플레인(Plain, 가장자리가 심플), 하프레이스(Half lace, 레이스무늬로 테를 두름), 풀레이스(Full lace, 레이스무늬가 복잡함)가 그것이다. 최근에는 한 제품에서 이런 디자인이 혼합된 것(믹스 앤 매치)도 생산된다.

전 세계 30여 개국에서 만나볼 수 있는 로열 코펜하겐은 1994년 한국에 현지 법인인 ㈜한국 로열 코펜하겐(www.royalcopenhagen.co.kr)을 설립했으며, 블루 플루티드의 무늬를 여백을 두고 더 단순하게 하고 꽃을 크게 표현한 블루 플루티드 메가(Blue Fluted Mega)도 있다. 2008년부터는 대부분 생산설비를 태국으로 이전하여 앤티크를 찾는 사람들은 덴마크 마크를 확인한다. 푸른색 꽃으로 장식된 라인의 티포트나 찻잔도 앤티크 시장에서 많이 보이지만 새롭게 생산하지는 않는다고 한다.

왼편의 티포트와 찻잔 디시, 슈거 볼은 블루 플라워 브레이디드, 오른편은 블루 플루티드 플레인

# 윈난 전홍

**| 윈난 전홍 |** 중국 윈난성은 보이차로 유명하지만 중국에서 홍차를 가장 많이 생산하는 곳이기도 하다. 이곳의 홍차를 전홍이라고 한다. 홍차의 수확 시기는 3~11월로 수확하는 시기가 넓다. 기본적으로 정통적 방법(orthodox)으로 많이 생산되나 CTC 방법으로 제조한 홍차도 있다.

현지에서 직접 구매한 전홍(滇紅)을 1930년대 생산된 영국의 앤슬리(Aynsley) 찻잔에 담았다.

**일반적인 관능적 특징**

외관은 암녹색이고 형태는 길고 얇다. 향은 풀냄새와 단 향이 난다. 찻물색은 등황색이고 맛은 떫은맛이 적고 깔끔한 느낌이며 향기가 부족하나 단 향이 난다. 엽저는 잎이 퍼져 크고 단 향이 남아 있다.

**윈난 전홍의 향기 Top 10**

| 순위 | 화합물 | 함량(peak %) | 향기 묘사 |
|---|---|---|---|
| 1 | 리나롤 | 9.34 | 은방울꽃 향, 감귤류 향 |
| 2 | 1-에틸-2-포밀 피롤 | 8.76 | 탄 냄새 |
| 3 | 제라니올 | 6.40 | 장미꽃 향 |
| 4 | 리나롤 옥사이드 II | 6.34 | 달콤한 향, 꽃 향 |

| 5 | 리나롤 옥사이드 Ⅳ | 5.94 | 달콤한 향, 꽃 향 |
|---|---|---|---|
| 6 | 페닐아세트알데히드 | 4.77 | 히아신스꽃 향 |
| 7 | 메틸 살라실레이트 | 3.07 | 민트 향 |
| 8 | 트랜스-2-헥세날 | 3.58 | 풋풋한 향, 사과 향 |
| 9 | 리나롤 옥사이드 Ⅰ | 2.77 | 달콤한 향, 꽃 향 |
| 10 | 푸르푸랄 | 1.86 | 달콤한 향(당분해물질) |

### 분석 결과로 본 향기의 조합

리나롤이 가장 많이 포함되어 있지만 다른 홍차류와 다른 점은 당의 가열처리로 생성되는 푸르푸랄(furfural)이 Top 10에 있으며 오래 가열했을 때 생성되는 피롤(pyrrole)이 나왔다. Top 10에는 없지만 알킬 피라진(alkyl pyrazine)류가 네 종류나 생성되어 홍차 발효는 완성되었으나 열처리가 다소 과한 것으로 나타났다. 풋풋한 향을 내는 화합물은 모든 차류에 많이 들어 있는 트랜스-2-헥세날을 제외하고는 거의 없었다.

### 앤슬리 찻잔 이야기

존 앤슬리(John Aynsley)는 1775년 스테퍼드셔 롱턴(Longton)에서 도자기 회사를 설립했다. 중국과 일본의 도자기에 매료된 존 앤슬리는 1784년부터 '최고 제품을 최고 영국인들에게'라는 슬로건으로 오리엔탈에 환상이 있는 귀족들을 만족시킬 만한 제품들을 생산했다. 동양적 디자인 때문인지 우리나라 사람들에게도 오랫동안 사랑받는 브랜드 중 하나다.

백마크 숫자를 보고 제작연도를 알 수 있다. 대체로 초록 마크(혹은 검정) 아래에 숫자가 쓰여 있는데 이것은 1924년경부터 1950년 말까지 계속되었다. 예를 들면 1이라는 숫자가 있으면 그 숫자에 24를 더하면 생산연도가 된다. 내가 가지고 있는 찻잔에는 28 혹은 29와 30이라는 숫자가 적혀 있는데 생산연도는 1952년과 1953년, 1954년이 된다. 1960년 후에는 핑크, 블랙 혹은 찻잔 색으로 되어 있는 것도 있지만 대체로 백마크는 초록에서 블루색으로 바뀌었다.

앤슬리에는 핸드페인팅을 하는 유명한 수석작가가 몇 명 있는데 오차드(과수원) 골드나 과일 패턴은 도리스 존스(D. Jones)와 낸시 브런트(N. Btunt)가 유명하며 찻잔에 사인이 있다. 이보다 앞서 1900~1935년에 야생화로 유명한 벤틀리(G. Bentley)가 있었

생산연도를 알 수 있는 백마크

도리스 존스의 오차드 골드 찻잔

벤틀리의 사인이 있는 야생화 찻잔

베일리의 사인이 있는 빅로즈 찻잔

고 이후 조셉 베일리(G. Bailey)는 장미 그림으로 유명하다. 앤슬리는 1997년 아일랜드의 벨릭사로 들어갔고 2014년에는 스토크온트렌트 공장의 문을 닫았다. 최근에는 동남아에서 주문자 상표 부착(OEM) 생산을 많이 한다.

## 금준미 홍차

**| 금준미**(Jinjunmei) **홍차 |** 중국 푸젠성 우이시(武夷市) 동목촌에서 2005년 개발된 새로운 홍차다. 고산지대인 우이산에 있는 차나무 싹을 원료로 가공하며 정산소종 제조 시 훈배 공정을 하는 대신 홍차 제조방법으로 만든다. 골든 팁이 많은 차인데 골든 팁은 본래 차나무에도 자연적으로 있지만 유념(비비기) 공정에서 즙이 나와 그대로 발효·건조하면 황금색으로 착색된다.

중국 홍차인 베티나르디(BettyNardi)의 금준미를 헝가리 헤렌드에서 나온 난징부케에 담았다.

### 일반적인 관능적 특징

외관은 골든 팁이 많이 혼합되어 하얀 종이에 황색 가루가 떨어진다. 잎은 길고 수려한 형태다. 건조차에서는 처음에는 풀 향이 있고 조금 후 꽃 향이 느껴진다. 찻물색은 주황색이며 향은 풋내보다는 단 향이 비교적 강하고 꽃 향이 남아 있다. 맛은 입안에 꽃 향이 느껴졌으나 약하고 전반적으로 다즐링보다는 무겁게 느껴진다. 엽저 색은 황갈색으로 형태가 예쁘게 남아 있다.

**금준미, 베티나르디의 향기 Top 10**

| 순위 | 화합물 | 함량(peak %) | 향기 묘사 |
|---|---|---|---|
| 1 | 제라니올 | 22.86 | 장미꽃 향 |
| 2 | 리나롤 | 6.62 | 은방울꽃 향, 감귤류 향 |
| 3 | 시스-3-헥세놀 | 5.07 | 풋풋한 향 |
| 4 | 2-페닐에탄올 | 6.65 | 장미꽃 향 |
| 5 | 헥사날 | 5.45 | 풋풋한 향 |
| 6 | 메틸살리실레이트 | 3.30 | 민트 향 |
| 7 | 페닐아세트알데히드 | 3.07 | 히아신스꽃 향 |
| 8 | 제라닉산 | 1.82 | 꽃 향을 띤 풀 향 |
| 9 | 리나롤 옥사이드 II | 1.56 | 달콤한 향, 꽃 향 |
| 10 | 푸르푸랄 | 1.55 | 달콤한 향(당분해물질) |

### 분석 결과로 본 향기의 조합

장미꽃 향을 띠는 제라니올 함량이 현저하게 많으며 리나롤은 2위이지만 함량이 비교적 적은 편이었다. 제라니올과는 또 다른 장미꽃 향인 2-페닐에탄올도 많고 다른 홍차류에는 잘 포함되지 않은 제라닉산도 함유되어 있었다. 통상 산류는 식품 향에 나쁜 영향을 미치는 이취(off-flavor)로 작용하지만 제라닉산은 꽃 향을 띤다. 이것이 생기는 이유는 발효도가 증대되었다는 증거다. 금준미도 가격에 따라 향이 천차만별이겠지만 이 홍차는 당분해물질인 푸르푸랄이 10위 안에 있는 것을 보면 마지막 공정에서 열처리를 많이 한 것으로 여겨지며 이 시료에서 단 향이 나는 이유가 된다. 열처리 시 생성되는 단 향과 구수한 향기 때문에 관능적으로 장미꽃 향이 제대로 발휘되지 못하는 것으로 생각되었다.

### 헤렌드 도자기 이야기

헤렌드(Herend)는 헝가리의 마을 이름이다. 지금의 헤렌드가 있게 된 것은 1826년 슈틴글 빈체(Stingl Vince)가 도자기 공장을 세웠기 때문이다. 독일의 마이센보다 100년 이상 늦게 시작했지만 단기간에 명성을 떨쳤고, 1851년 영국에서 개최된 만국박람회에 출품한 꽃과 나비 등을 표현한 테이블 웨어가 빅토리아 여왕에게 찬사를 받아 왕실 식기로 주문받게 되면서 퀸 빅토리아 패턴(Pattern)이 만들어졌다. 이후 헝가리의 명문가뿐 아니라 유럽의 다른 왕실에서 주문해서 헤렌드는 세계 3대 도자기로까지 불리게 되었다. 꽃, 과일, 새 등 자연은 헤렌드 제품의 주요 소재다.

로쉴드 버드 패턴은 재산가인 독일계 유대인 로스차일드(Rothschild) 가문에 납품하는 패턴으로 퀸 빅토리아와 마찬가지로 시대에 따라 다양하게 변형되어왔다. 우리나라에서 많이 볼 수 있는 차이나 부케(Chinese bouquet)는 인디언 바스켓(Indian basket) 라인에서 유래했다고 하며 1930년대에 아포니(Apponyi) 백작이 주문했다고 하여 아포니 스타일이라고 한다. 이것은 일본의 가

퀸 빅토리아 투각바스켓, 찻잔과 소품들

키에몬(がきえもん, kakiemon)이 모티브가 된 독일 마이센의 인디언꽃(Indische blumen) 패턴과 많이 닮았다.

필자가 처음 구입한 헤렌드는 티 푸드를 담는 작은 투각 바스켓이다. 음식이나 티 푸드를 담을 수 있는 볼이나 바스켓은 핸드 페인팅에 섬세하게 도려내는 투각법과 점토를 실타래처럼 엮어 올리는 등의 기술 덕분에 지금까지도 세계인에게 충분히 사랑받을 자격이 있는 작품이다.

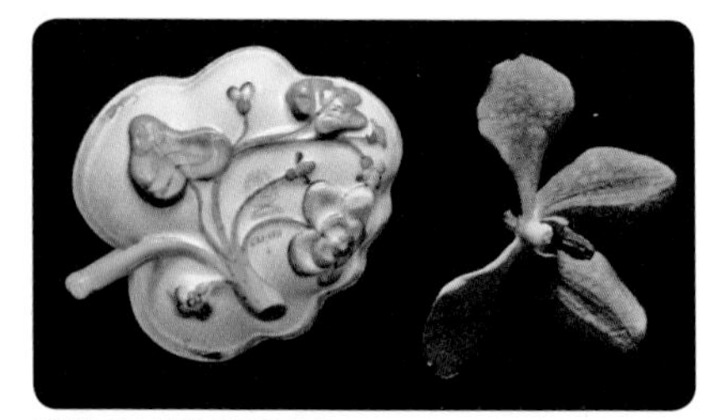

헤렌드사 작은 볼의 뒤태

## | 대만 홍차 |

대만 홍차는 수확 시기와 품종, 지역에 따라 미묘한 향미 차이가 있지만 실론차나 인도의 아쌈 홍차에 비해 찻물색이 비교적 맑으며 향미가 진하지 않고 대만 홍차만의 특유의 향미가 있다.

대만 홍차류에 관한 관능적 정보는 다소 전해지나 대만 홍차의 특유한 향기에 관해 구체적으로 분석하여 고찰한 연구는 거의 알려져 있지 않다. 대만의 대표 홍차로 알려진 밀향(蜜香) 홍차, 홍옥(紅玉) 홍차와 일반 홍차에 관하여 향기 성분을 중심으로 살펴본다.

# 밀향 홍차

**| 밀향(蜜香) 홍차 |** 여름에 차를 수확하여 동방미인(東方美人)처럼 벌레에 변형된 백호가 생긴 잎을 이용해 만든다. 백호에 의해서 밀향(꿀향)이라는 특유의 달콤한 향이 생긴다고 해서 이런 이름이 붙여진 것 같다. 이 차가 생산되는 서혜향(瑞穗鄉)은 지세가 평탄하고 아열대 - 열대의 계절성 기후 조건을 갖추어 차가 성장할 수 있는 좋은 지역이다.

대만의 왕덕전에서 직접 구입한 밀향 홍차를 꽃이 만발한 영국의 쉘리 찻잔 올렌더 쉐입(Oleander shape)에 담았다.

## 일반적인 관능적 특징

외관은 골든 팁이 많이 혼합되어 있으며 짙은 암녹색을 띠고 형태는 크지 않으며 균일하지 않고 끝이 구부러져 있다. 향은 민트 향과 다른 화한 느낌이 난다. 찻물색은 약간 검붉은색이 보이는 등황색이며 향은 머스캣 향이 난다. 맛은 부드럽고 입안에 향이 남아 있다. 엽저 색은 좀 짙은 갈색이고 찻물보다 더 단 향이 남아 있다.

**밀향 홍차의 향기 Top 10**

| 순위 | 화합물 | 함량(peak %) | 향기 묘사 |
|---|---|---|---|
| 1 | 페닐아세트알데히드 | 8.75 | 히아신스꽃 향 |
| 2 | 3,7-다이메틸-1,5,7-옥타트리엔-3-올 | 6.99 | 백포도주 향 |
| 3 | 리나롤 옥사이드 II | 5.98 | 달콤한 향, 꽃 향 |
| 4 | 리나롤 옥사이드 I | 5.96 | 달콤한 향, 꽃 향 |
| 5 | 리나롤 | 3.44 | 은방울꽃 향, 감귤류 향 |
| 6 | 벤즈알데히드 | 3.20 | 아몬드 향 |
| 7 | 리나롤 옥사이드 IV | 2.86 | 달콤한 향, 꽃 향 |
| 8 | 트랜스-2-헥세날 | 2.46 | 풋풋한 향, 사과 향 |
| 9 | 리나롤 옥사이드 III | 2.37 | 달콤한 향, 꽃 향 |
| 10 | 2-페닐에탄올 | 2.82 | 장미꽃 향 |

### 분석 결과로 본 향기의 조합

밀향 홍차에는 히아신스꽃 향을 띠는 페닐아세트알데히드가 가장 많고 다즐링 두물차의 대명사라 할 수 있는 백포도주 향인 3,7-디메틸-1,5,7-옥타트리엔-3-올이 그것보다 더 많았다. 리나롤의 산화물인 리나롤 옥사이드류는 홍차류에서 동정되는 네 종류가 모두 포함되어 있었다. 이것은 밀향 홍차가 발효가 잘 진행되었음을 나타내는 것 같다. 모든 홍차류에 포함되어 있는 리나롤과 아몬드 향인 벤즈알데히드, 풋풋한 향에 기여하는 트랜스-2-헥세날이 있었다.

향기 Top 10 안에는 함유되지 않지만 달콤한 향에 기여하는 3-메틸부타날과 2-메틸부타날도 비교적 많이 포함되어 있었다. 역시 향기 Top 10에는 포함되지 않지만 대만 홍차 중 밀향에만 유일하게 있는 5-메틸-2-페닐-2-헥세날(0.34%)은 홍차에 많이 들어 있는 페닐아세트알데히드와 3-메틸부타날의 결합으로 생성되는 것으로, 코코아 향으로 알려져 있으나 홍차에서 그 메커니즘을 밝힌 것은 필자가 처음이다.

### 쉘리 찻잔 이야기

쉘리(Shelley)는 1860년 스태퍼드셔 롱턴과 펜턴 사이에 위치한 폴리(Foley) 도자기 회사 소유주 헨리 윌레만(Henry Wileman)이 창립한 회사다. 4년 후 창업주가 사망하고 그의 아들들이 회사를 경영했다. 1862년 폴리에 입사한 요셉 쉘리(Joseph B. Shelley)는 대량 생산되는 도자기의 품질을 높이고 회사 내 해외 수출 부서를 설립하는 데 큰 공을 세워 1870년 도자기 부분을 맡게 되었다.

쉘리 2세는 1884년부터 약 50년간 사업을 크게 성장시켰다. 폴리는 폴리라는 명칭의 소유권을 놓고 다른 도자기 회사들이 제기한 소송에서 패해 회사명을 쉘리로 변경했다. 제2차 세계대전 이후 도자기 생산이 미미하다가 전쟁이 끝난 뒤 쉘리는 다시 한 번 성장할 기회를 맞이하는 듯했으나 대량 생산을 하는 다른 회사에 밀려 1966년 영

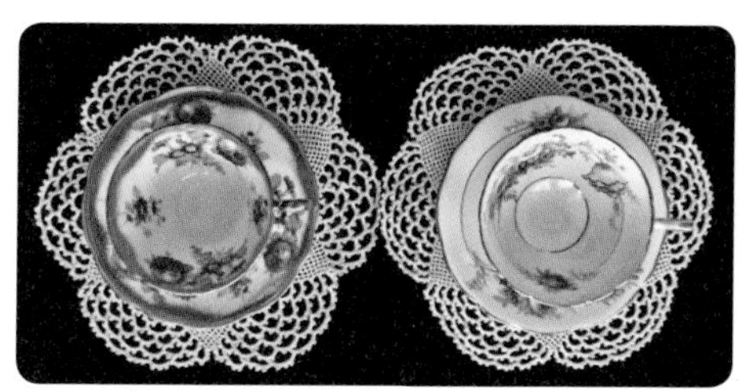

폴리 찻잔(왼편은 헤비 골드)

쉘리 데인티 쉐입(왼편)과 러드로우 쉐입(오른편)의 베고니아 찻잔(www.shelley.co.uk)

국 도자기 합자회사에 매각되었다. 쉘리는 월레만에서 폴리와 쉘리로 명칭을 바꾸면서 성장해 오랫동안 많은 사람의 사랑을 받았다.

## 홍옥 홍차

**| 홍옥**(紅玉) **홍차 |** 대만 중앙부에 위치한 일월담(日月潭)호수 근처 남투현(南投縣) 어지향(魚池鄕)이 생산지다. 아쌈종인 미얀마 대엽종 차수를 모본으로 하고 대만의 야생차를 부본으로 한 교잡종인 신품종으로 만든 홍차다. 색깔이 붉어서 루비 홍차라고도 한다. 향기의 특징은 천연 육계(肉桂) 향과 담담한 박하 향으로 표현된다. 향미는 실론차와 닮았다.

대만의 왕덕전(王德傳)에서 직접 구입한 홍옥(아쌈종과 대만 야생차 조합) 홍차를 꽃이 화려하게 장식된 독일의 로젠탈 찻잔에 담았다.

### 일반적인 관능적 특징

외관은 골든 팁이 많이 혼합되어 있으며 짙은 암갈색을 띠고 형태는 작으며 균일하고 향은 민트의 화한 향이 먼저 올라오고 단 향이 난다. 찻물색은 붉은빛이 있는 등황색이며 향은 민트 향처럼 화하고 달달한 느낌이 있으며 입안에 향이 남는 듯하다. 맛은 시원하나 약간 끈적끈적한 느낌을 준다. 엽저 색은 붉은빛이 돌고 찻물보다 단 향이 더 남아 있다.

**홍옥 홍차의 향기 Top 10**

| 순위 | 화합물 | 함량(peak %) | 향기 묘사 |
|---|---|---|---|
| 1 | 메틸살리실레이트 | 24.99 | 민트 향 |
| 2 | 리나롤 | 17.42 | 은방울꽃 향, 감귤류 향 |
| 3 | 리나롤 옥사이드 II | 4.45 | 달콤한 향, 꽃 향 |
| 4 | 페닐아세트알데히드 | 3.39 | 히아신스꽃 향 |
| 5 | 리나롤 옥사이드 I | 2.47 | 달콤한 향, 꽃 향 |
| 6 | 베타-이오논 | 2.42 | 꽃 향 |
| 7 | 알파-테르피네올 | 1.94 | 라일락꽃 향 |
| 8 | 2-메톡시-3-메틸 피라진 | 1.86 | 구수한 향 |
| 9 | 리나롤 옥사이드 IV | 1.61 | 달콤한 향, 꽃 향 |
| 10 | 제라니올 | 1.46 | 장미꽃 향 |

### 분석 결과로 본 향기의 조합

홍옥 홍차는 신품종답게 향의 종류가 많았다. 홍옥 홍차에는 꽃이나 나무 향을 띠며 감귤류에 많이 포함되어 있는 리나롤과 그 산화물인 리나롤 옥사이드의 함량도 비교적 많으며 민트 향이 나는 메틸살리실레이트의 함량이 높았다. 홍옥의 관능적 향을 표현할 때 담담한 민트 향이나 안으로 감기는 듯한 독특한 민트 향 등으로 표현할 수 있는 것은 메틸살리실레이트가 한 요인인 것으로 생각된다. 10위 밖이지만 함량이 많은 것은 11위의 트랜스-2-헥세날(풀냄새)이 1.46%, 12위의 벤즈알데히드(아몬드향)가 1.37%이고 13위의 3,7-다이메틸-1,5,7-옥타트리엔-3-올이 1.34%(머스캣 향)

등 포함되어 있었다.

### 대만의 왕덕전 차 상점 이야기

왕덕전은 1862년 세워졌으며 타이베이의 메인 스테이션 주변에 있다. 다양한 차를 구비하여 차를 직접 시음해보고 살 수 있고 다구도 살 수 있어 차를 좋아하는 사람이 방문하면 좋다. 들어가면 벽면을 장식한 왕덕전의 상징이라고 할 빨간색 통들에 각종 차가 들어 있다.(http://www.dechuantea.com)

대만의 왕덕전

대만의 왕덕전의 차 주전자

### 로젠탈 찻잔 이야기

독일 도자기 가도의 중심 젤프(Selb)에 로젠탈(Rosenthal) 본사와 후첸로이터(Hutschenreuther)가 있다. 2000년부터는 후첸로이터도 인수하여 시중에 있는 후첸로이터 제품은 브랜드 이름이 되었다. 로젠탈은 후첸로이드보다 늦은 1879년 시작했으나 1900년대부터 번성했다. 1997년에는 영국의 웨지우드에 지분이 많이 넘어갔으며 2009년에는 이탈리아 주방회사가 인수했다. 그러나 브랜드명은 그대로 로젠탈을 사용한다.

## 대지지혜 홍차

**| 대지지혜 홍차 |** 밀향과 홍옥을 대조하기 위한 일반 홍차로는 두 시료를 생산한 것과 같은 회사에서 제조된 것으로 국내에는 잘 알려지지 않은 대지지혜(大地之惠)라는 홍차를 시료로 했다.

대만의 대지지혜 홍차를 홍콩에서 구입한 중국풍 찻잔에 담았다.

### 일반적인 관능적 특징

외관은 골든 팁을 조금 함유하고 암갈색을 띤다. 형태는 크고 줄기도 보이며 향은 꽃 향과 한약 냄새가 난다. 찻물색은 등황색이 진하며 향은 단 향과 꽃 향이 나는 듯하나 매우 약하다. 맛도 부족하고 엽저 향도 약하다.

**대만 일반 홍차의 향기 Top 10**

| 순위 | 화합물 | 함량(peak %) | 향기 묘사 |
|---|---|---|---|
| 1 | 트랜스-2-헥세날 | 7.07 | 풋풋한 향, 사과 향 |
| 2 | 벤즈알데히드 | 6.45 | 아몬드 향 |
| 3 | 페닐아세트알데히드 | 6.20 | 히아신스꽃 향 |
| 4 | 리나롤 옥사이드 I | 5.34 | 달콤한 향, 꽃 향 |
| 5 | 헥사날 | 4.40 | 풋풋한 향 |

| 6 | 메틸살리실레이트 | 4.40 | 민트 향 |
|---|---|---|---|
| 7 | 리나롤 | 1.35 | 은방울꽃 향, 감귤류 향 |
| 8 | 리나롤 옥사이드 II | 4.29 | 달콤한 향, 꽃 향 |
| 9 | 제라니올 | 3.64 | 장미꽃 향 |
| 10 | 2-메틸부타날 | 3.22 | 초콜릿 향 |

### 분석 결과로 본 향기의 조합

일반 홍차로 지칭한 대지지혜 홍차에 많이 포함되어 있는 화합물은 풋풋한 향을 내는 트랜스-2-헥세날과 헥사날이다. 아몬드 향인 벤즈알데히드와 페닐아세트알데히드도 제법 많았다. 초콜릿 향을 띠는 2-메틸부타날도 있지만 대지지혜에는 리나롤 이외에는 라일락꽃 향을 띠는 알파-테르피네올, 장미꽃 향을 띠는 제라니올과 네롤리돌 등은 동정되지 않아 이것이 대만의 밀향 홍차와 홍옥 홍차에 비해 다소 품질이 떨어지는 요인으로 작용하는 것 같았다. 머스캣 향을 띠는 3,7-디메틸-1,5,7-옥타트리엔-3-올은 11위에 있었다.

# 일본, 말레이시아, 인도네시아, 터키, 케냐의 홍차

## | 일본 홍차 |

일본에서는 메이지시대(明治時代)에 이미 홍차에 관심을 두고 중국인 기술자를 초빙하여 구마모토(熊本縣)의 야생차로 홍차 제조법을 습득시켰다. 그다음 해 인도에 사람을 파견해 홍차 제조방법을 배워오게 했다. 그리고 인도에서 가져온 아쌈계 차나무 씨앗을 각 지역에 심었지만 세계 홍차시장에서 경쟁력이 없었다. 홍차용으로 개량된 품종인 베니호마레(べにほまれ)가 남아 있고 소량이지만 시즈오카와 우레시노 등에서 홍차를 생산·판매하고 있다. 5~7월에 생산되는 차를 오소독스법으로 제조하고 OP 등의 잎차와 파쇄형도 소량 생산한다.

## 시즈오카 홍차

**| 시즈오카 홍차 |** 시즈오카는 일본에서 유명한 차산지다. 재배면적이나 생산량에서도 전국 최고다. 시즈오카현에서도 몇 군데에서 차가 생산되지만 가케가와(掛川)차는 향미와 색깔이 좋은 녹차 위주로 많이 생산되며 홍차는 드물게 생산된다. 이곳에서는 차축제나 국제 차학회 같은 행사가 자주 열린다.

루피시아 브랜드에서 생산된 시즈오카(靜岡)시 가케가와 홍차를 일본의 카렐 차펙 본점에 전시된 신진 도예가 호시노 젠(星野 玄, 1973년생)이 만든 찻잔을 구입하여 담았다.

### 일반적인 관능적 특징

외관은 암녹색이며 형태는 균일하고 길다. 향은 구수한 향과 단 향이 느껴지지만 방향성도 있다. 찻물색은 주홍색이며 향은 풀 향과 단 향이 난다. 맛은 처음에는 부드러운 느낌이 있으나 시간이 지날수록 떫은맛이 느껴진다. 엽저에서도 단 향이 난다.

**시즈오카산 홍차의 향기 Top 10**

| 순위 | 화합물 | 함량(peak %) | 향기 묘사 |
|---|---|---|---|
| 1 | 제라니올 | 12.16 | 장미꽃 향 |
| 2 | 트랜스-2-헥세날 | 8.70 | 풋풋한 향, 사과 향 |
| 3 | 리나롤 옥사이드 II | 7.67 | 달콤한 향, 꽃 향 |
| 4 | 3,7-디메틸-1,5,7-옥타트리엔-1-올 | 6.96 | 백포도주 향 |
| 5 | 베타-오시멘 | 6.93 | 감귤류 향 |
| 6 | 리나롤 옥사이드 I | 5.46 | 달콤한 향, 꽃 향 |
| 7 | 헥사날 | 5.29 | 풋풋한 향 |
| 8 | 리나롤 | 5.10 | 은방울꽃 향, 감귤류 향 |
| 9 | 벤즈알데히드 | 5.10 | 아몬드 향 |
| 10 | 페닐아세트알데히드 | 3.02 | 히아신스꽃 향 |
| 11 | 2-메틸부타날 | 2.12 | 초콜릿 향 |

## 분석 결과로 본 향기의 조합

전체적으로 달콤한 향이 나는 것은 다즐링처럼 백포도주 향인 3,7-디메틸-1,5,7-옥타트리엔-1-올이 비교적 많이 함유되어 있기 때문이다. 대만의 밀향은 다즐링보다 백포도주 향이 더 많은데 시즈오카 홍차에도 그 정도 함유되어 있고 초콜릿 향인 2-메틸부타날도 있었다. 장미꽃 향을 띠는 제라니올이 많은 것도 이 차가 관능적으로 방향성을 띠는 요인으로 작용했다. 우리나라 홍차와 차이는 백합꽃, 사과, 나무 향을 띠는 네롤리돌이 Top 10 안에 없는 것이었다. 트랜스-2-헥세날과 헥사날처럼 풀 향이 많은 것도 특징이었다.

## 우레시노 홍차

**| 우레시노(嬉野) 홍차 |** 규슈의 사가현(佐賀県) 우레시노는 온천으로 유명하지만 당나라 때 전해졌다고 하여 당차(唐茶)라는 목판이 전해지는 곳이다. 서민들에게 잎차를 전한 '바이사오(賣茶翁)'라 불리는 고유가이(高遊外)도 사가현 사람이며 에도시대에 우레시노 차를 판매하여 메이지 정부를 조직하는 데 힘을 쓴 아오우라 게이(大浦慶)라는 여성 무역상도 있었다. 이곳은 오래전부터 일본에서는 귀한 덖음차가 나오던 산지다. 홍차 역사도 일본에서 가장 오래되었다. 일본 홍차 중 단맛을 가장 많이 가지고 있다.

규슈의 우레시노 산지에서 직접 구입한 홍차를 이마리(伊萬里)에서 산 현대식 이마리 찻잔에 담았다.

### 일반적인 관능적 특징

외관은 암녹색이며 형태는 줄기가 있고 시즈오카산보다 길이가 짧고 골든 팁이 보인다. 향은 덖음 처리한 향이 느껴지나 방향성도 있다. 찻물색은 주황색이며 향은 신선한 풀 향이 나고 꽃 향과 단 향도 있다. 맛은 풋풋하고 신선한 맛이 나며 덖음차처럼 구수하다.

우레시노산 홍차의 향기 Top 10

| 순위 | 화합물 | 함량(peak %) | 향기 묘사 |
|---|---|---|---|
| 1 | 트랜스-2-헥세날 | 28.16 | 풋풋한 향 |
| 2 | 제라니올 | 11.39 | 장미꽃 향 |
| 3 | 헥사날 | 10.85 | 풋풋한 향 |
| 4 | 3-메틸부타날 | 5.47 | 초콜릿 향 |
| 5 | 페닐아세트알데히드 | 4.56 | 히아신스꽃 향 |
| 6 | 리나롤 | 4.28 | 은방울꽃 향, 감귤류 향 |
| 7 | 네롤리돌 | 4.17 | 백합꽃, 사과, 나무 향 |
| 8 | 벤즈알데히드 | 3.64 | 아몬드 향 |
| 9 | 리나롤 옥사이드 II | 2.32 | 달콤한 향, 꽃 향 |
| 10 | 벤질 알코올 | 1.22 | 꽃 향 |

### 분석 결과로 본 향기의 조합

전체적으로 풋풋한 향을 느꼈는데 시즈오카차와는 다른 느낌이었다. 2위에 장미꽃 향이 나는 제라니올이 상당히 많은 함량으로 자리 잡고 있었지만 풋풋한 향을 띠는 1위의 트랜스-2-헥세날과 3위의 헥사날의 위력이 대단히 강했다. 시즈오카 홍차에 많았던 백포도주 향인 3,7-디메틸-1,5,7-옥타트리엔-1-올은 없었으나 초콜릿 향인 3-메틸부타날이 있었다. 이 화합물 때문인지 우레시노 홍차는 일본 홍차류 중에서 단맛을 가장 많이 가지고 있다고 한다. 히아신스꽃 향인 페닐아세트알데히드와 리나롤이 그 뒤를 이었고 우리나라 홍차에 많고 시즈오카 홍차에는 없던 네롤리돌이 7위에 있었다.

## 아리타 도자기와 이마리 이야기

도요토미 히데요시(豊臣秀吉)가 일으킨 정유재란 때 끌려간 도공 중 이삼평(李参平) 일족은 17세기 초 아리타(有田)에서 양질의 도석(陶石)을 발견해 도자기를 제작하게 되었다. 에도시대에 이마리(伊萬里)의 항구에서 도자기가 세계로 수출되었고 1867년 파리만국박람회에서 아리타 도자기가 명성을 얻어 중국풍 시누아즈리(Chinoiserie)에서 일본풍 자포니즘(Japonism)이 유럽 각지로 전파되는 계기가 되었다.

아리타 도자기는 표현법이 다양한데 1610년대 초기에는 구우면 남색 빛깔이 나는 안료를 사용하여 유약 밑에 그림을 그렸고(청화), 1670년대에는 유약 위에 다양한 색을 사용하여 그림을 그렸다(색회). 17세기 후반 시작된 소메니시키데(染錦手)에 금채를 칠한 이른바 긴란데(金襴手) 양식이 등장했다. 아리타 도자기 중 고란샤(香蘭社)와 후카가와 세이지(深川製磁)가 유명한데 후카가와 세이지는 화려하고 큰 긴란데 꽃병으로 1900년 파리만국박람회에서 금메달을 수상했다. 유럽의 도자기 회사들에서도 이마리라 하여 이런 형태의 도자기를 생산하는 것이 유행한 적이 있다. 유럽에서 이마리 도자기로 제일 유명한 회사는 로열 크라운 더비다.

이마리 제품들. 중간은 로열 크라운 더비로 1919년 생산. 위에서 시계방향으로 스포드사, 앤슬리사, 회사 미상, 1820년 미국 이마리

## 오키나와 홍차

**| 오키나와(沖縄) 홍차 |** 오키나와현 북부 산 정상에 있는 다원이다. 60여 년간 가업으로 계속한 다원에서는 차를 무농약으로 재배하며 홍차 산지의 조건인 아열대 기후, 약산성 적토, 섬을 둘러싼 바다로부터 무기질을 운반하는 조풍 등 이곳만의 독특한 홍차를 생산한다. 연 3회 수확 시기의 차를 생산한다. 즉 봄차(FTGFOP), 초하(FOP), 청하(잎차)다.

오키나와산 여름 홍차(Churabana, 美ら花)를 일본산 현대식 노리타케 찻잔에 담았다. 이 차는 2015년 일본 차품평회에서 금상을 받았다.

### 일반적인 관능적 특징

외관색은 골든 팁이 많이 혼합되어 있으며 형태는 균일하지 않고 크기가 작다. 향은 풀 향이 난다. 찻물색은 약간 검붉은색이 보이는 주홍색이며 향은 풀 향이 나고 맛은 구수하며 깔끔하다. 엽저 색은 갈색이고 우린 찻물보다 단 향이 더 남아 있다.

일본 오키나와 여름 홍차의 향기 Top 10

| 순위 | 화합물 | 함량(peak %) | 향기 묘사 |
|---|---|---|---|
| 1 | 네롤리돌 | 9.41 | 백합꽃, 사과, 나무 향 |
| 2 | 리나롤 | 6.51 | 은방울꽃 향, 감귤류 향 |
| 3 | 헥사날 | 6.48 | 풋풋한 향 |
| 4 | 페닐아세트알데히드 | 5.28 | 히아신스꽃 향 |
| 5 | 트랜스-2-헥세날 | 5.25 | 풋풋한 향, 사과 향 |
| 6 | 리나롤 옥사이드 I | 4.14 | 달콤한 향, 꽃 향 |
| 7 | 2-페닐에탄올 | 4.04 | 장미꽃 향 |
| 8 | 리나롤 옥사이드 II | 3.89 | 달콤한 향, 꽃 향 |
| 9 | 벤즈알데히드 | 3.02 | 아몬드 향 |
| 10 | 메틸살리실레이트 | 2.82 | 민트 향 |

## 분석 결과로 본 향기의 조합

백합꽃, 사과와 나무 향으로 묘사되는 네롤리돌 함량이 가장 높았으며 모든 홍차류에 다 들어 있는 리나롤은 2위에 있었다. 관능적으로 풀 향이 느껴지는 것은 3위에 있는 헥사날의 영향이 큰 것 같았다. 페닐아세트알데히드가 4위에 있어 홍차 발효가 잘 일어난 것으로 생각된다. 장미 향이 나는 2-페닐에탄올이 7위에 있었으며 또 다른 장미 향인 제라니올은 11위에 있었다. 통상 수확 시기가 늦어지고 어린잎을 사용하지 않는 경우 제라니올 함량이 네롤리돌보다 줄어든다. 다즐링에서 백포도주 향과 관련된다는 3,7-디메틸-1,5,7-옥타트리엔-3-올도 12위에 있었다. 여름 홍차치고는 잘 만들어진 홍차로 생각되었다. 향기 조성으로 볼 때 시즈오카산이나 우레시노산보다 우리나라 보성제다의 홍차와 닮아 있었다.

### 노리타케 찻잔 이야기

1904년 모리무라 이치자에몬(森村市左衛門)이 아이치(愛知)현 나고야(名古屋)시에 공장을 세워 1975년까지 도자기를 생산했다. 현재 그곳에는 노리타케(Noritake)의 숲이라고 하여 도심 속 도자기 공원이 운영되고 있다. 20세기 초 미국의 식기는 유럽의 유명 브랜드가 점령했으나 1914년 이후 노리타케가 적극적으로 미국으로 진출하게 되었다. 1941년 태평양전쟁으로 노리타케는 미국시장을 잃었으나 1945년 이후 재개했다. 노리타케는 끊임없이 새로운 기술을 도입하여 발전해왔고 일본의 양식식사를 위한 식기의 상징이 되었다. 스리랑카에도 제조공장이 있는데 그곳에서 생산되는 제품은 비교적 싼값에 구매할 수 있다.(http://www.noritake.com/)

일본산 노리타케의 찻잔과 티포트

## | 말레이시아 홍차 |

말레이시아에는 1,800m 고원에 카메론 하이랜드(Cameron highlands)가 있는데 이곳은 말레이시아의 최대 차산지다. 1885년 영국인 윌리엄 카메론(William Cameron)이 발견해 카메론이라는 이름이 붙었다. 1929년 영국 사업가 러셀(J. A. Russel)이 BOH라는 회사를 설립했는데 차씨가 중국 우이(武夷, Bohea)에서 왔다고 해서 이런 이름이 붙었다.

카메론 하이랜드를 비롯해 말레이시아 전역에 있는 농장 네 곳의 총 1,200헥타르 부지에서 말레이시아 차생산량의 약 70%(매년 약 400만 kg)를 생산하는 큰 기업이다. 코엑스에서 열린 카페 쇼에서 Seri(예쁘다는 의미) Songket(전통 옷을 만드는 화려한 천) 컬렉션이라 해서 색감이 화려한 팩 케이지에 담긴 여러 종류의 가향차를 구입할 수 있었다.

말레이시아 BOH 티백들

## 말레이시아 BOP

**| 말레이시아 홍차 |** 시료로 사용한 홍차는 BOH의 가향차는 아니며 연중 봄 날씨가 지속된다는 말레이시아 하이랜드 카메론 홍차를 일본의 루피시아 브랜드(4913번)에서 구입했다.

일본 루피시아 브랜드(4913번)의 말레이시아산 BOP는 제비꽃 향을 띠는 이오논계 화합물이 많아 보라색 제비꽃이 그려진 영국의 찻잔 쉘리(1945~1966)에 담았다(백마크에 B 표시가 있는 이 찻잔은 스트랫퍼드(Stratford) 쉐입으로 고가 라인이다).

## 일반적인 관능적 특징

외관은 붉은빛이 도는 암갈색이며 형태는 잘게 부서지고 균일하게 동글동글하다. 찻잎에서 풋풋한 향도 있으나 담배 냄새가 약간 나는 듯하며 대체로 향이 약하다. 찻물색은 연한 주홍색이며 향은 처음에 사과 향이 느껴지며 건조차에 비해 향이 괜찮다. 맛은 살짝 떫으나 기분 좋은 떫은맛이다. 엽저에는 향이 거의 남아 있지 않다. 말레이시아 BOP는 우유를 넣는 모닝티로 널리 알려져 있다. 루피시아 소책자에서는 밀크티 재료로 권한다.

**말레이시아 하이랜드 카메룬**(BOP, 루피시아)**의 향기 Top 10**

| 순위 | 화합물 | 함량(peak %) | 향기 묘사 |
|---|---|---|---|
| 1 | 트랜스-2-헥세날 | 10.33 | 풋풋한 향, 사과 향 |
| 2 | 리나롤 | 4.96 | 은방울꽃 향, 감귤류 향 |
| 3 | 베타-이오논 | 4.25 | 꽃 향 |
| 4 | 헥사날 | 4.01 | 풋풋한 향 |
| 5 | 메틸살리실레이트 | 3.25 | 민트 향 |
| 6 | 리나롤 옥사이드 Ⅰ | 2.51 | 달콤한 향, 꽃 향 |
| 7 | 리모넨 | 2.39 | 감귤류 향 |
| 8 | 페닐아세트알데히드 | 2.25 | 히아신스꽃 향 |
| 9 | 벤즈알데하이드 | 1.75 | 아몬드 향 |
| 10 | 알파-이오논 | 1.22 | 꽃 향 |

## 분석 결과로 본 향기의 조합

말레이시아산 홍차의 Top 10 안에는 다른 홍차류에서는 많이 동정되지 않은 리모넨이 함유되어 있었다. 리모넨은 본래 감귤류의 향 정유 성분에서 80~90%를 차지하는데 향이 은은하다. 또 알파-카로틴에서만 생성 가능한 꽃 향을 띠는 알파-이오논이 함유되어 있었다. 이오논류는 카로티노이드 색소에서 나오는 것으로 제비꽃 향을 띠므로 제비꽃 그림이 있는 찻잔을 선택했다.

## | 인도네시아 홍차 |

인도네시아의 대표 차생산지는 '자바'라고 할 수 있다. 적도 바로 아래의 온화한 기후에 속하는 인도네시아에서는 연중 찻잎을 수확할 수 있다. 18세기 네덜란드에서 개척한 다원에서 중국종인 차나무를 심었고 1958년 차 농원 일부가 국영화되어 1965년부터 생산량이 많아지면서 생산량이 세계 4위가 되었다. 각 나라에 자바 티(JAVA TEA)로 수출되고 있다. 국영 제8다원에서 생산되는 찻잎으로 만든 Sedap(맛있다는 뜻) JAVA TEA는 특히 고원지대의 깨끗한 환경과 낮과 밤의 기온차에 따라 향미가 좋아서 여러 나라로 수출된다.

### 인도네시아 BOPF

**| 자바 홍차 |** 해발 2,000m의 란차볼랑(Rancabolang) 다원에서 생산한 BOPF(Broken Orange Pekoe Fannings)를 사용했다. 란차볼랑 다원은 해발이 특히 높고 다른 다원과

격리해 유기비료와 무농약농법으로 재배하는 국영다원이다. 채별 후 생기는 작은 잎자는 fannings(약자 F)이라고 하는데 BOPF는 BOP보다 크기가 작고(1~2mm) 주로 티백용으로 사용된다.

인도네시아의 란차볼랑 다원에서 생산한 BOPF(Broken Orange Pekoe Fannings)를 영국의 퀸 앤(Queen Anne) 찻잔에 담았다. 퀸 앤 찻잔은 찻잔 안의 꽃이 화려해 이 차와 어울리는 분위기를 연출했다.

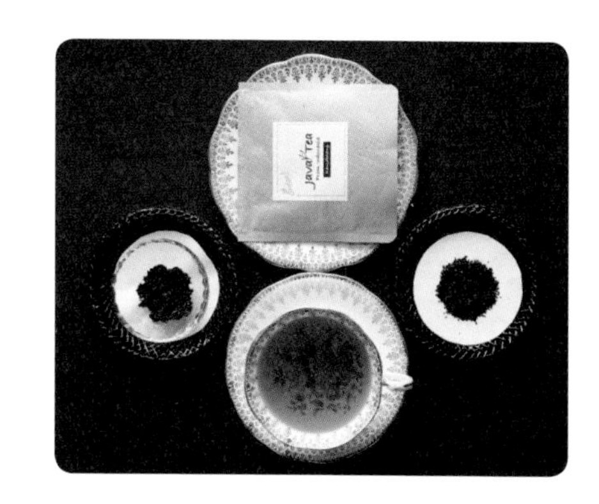

### 일반적인 관능적 특징

외관은 붉은 팁이 혼합된 홍갈색이며 형태는 동글동글한 작은 입자가 균일한 형태를 하고 있다. 건조차에서 향은 화한 느낌이 있고 화장품이나 약하게 독특한 스파이시 향이 난다. 찻물색은 등홍색이며 향은 풋풋한 향, 꽃 향, 과일 향 등이 풍성하게 느껴진다. 맛은 약간 떫으나 통상 이 정도 브로큰 상태에 있는 홍차에 비해서는 부드럽게 넘어가는 편이다. 건조차에 비해서는 마일드하나 엽저에도 향이 많이 남아 있는 편이다.

**인도네시아 자바티의 향기 Top 10**

| 순위 | 화합물 | 함량(peak %) | 향기 묘사 |
|---|---|---|---|
| 1 | 트랜스-2-헥세날 | 7.05 | 풋풋한 향 |
| 2 | 릴리알 | 4.91 | 은방울꽃 향 |

| 3 | 메틸살리실레이트 | 4.68 | 민트 향 |
|---|---|---|---|
| 4 | 리나롤 | 4.04 | 은방울꽃 향, 감귤류 향 |
| 5 | 헥사날 | 3.88 | 풋풋한 향 |
| 6 | 감마-카디넨 | 3.70 | 허브 향 |
| 7 | 베타-이오논 | 3.15 | 꽃 향 |
| 8 | 페닐아세트알데히드 | 2.66 | 히아신스꽃 향 |
| 9 | 리나롤 옥사이드 Ⅰ | 2.59 | 달콤한 향, 꽃 향 |
| 10 | 벤즈알데하이드 | 2.52 | 아몬드 향 |

### 분석 결과로 본 향기의 조합

파쇄형 중에서도 BOPF를 사용해서인지 전체적으로 잎차에 비해 향이 부족했으며 Top 10 안에 말레이시아 홍차와 8개 화합물이 동일했다. 인도네시아산 홍차에는 시클라멘이나 은방울꽃 향을 연상시키는 릴리알이 두 번째로 많이 함유되어 있었는데 이 화합물은 다른 홍차류에서는 볼 수 없는 것이다. 또 허브 향을 띠는 감마-카디넨도 함유되어 있었다. 대부분 홍차에 공통적으로 많이 포함되어 있는 리나롤 옥사이드 Ⅱ 보다 리나롤 옥사이드 Ⅰ이 말레이시아 홍차와 마찬가지로 많았다. 이러한 공통적인 점도 있었지만 말레이시아 홍차에는 리모넨이, 인도네시아 홍차에는 릴리알이 향기 함량 Top 10에 포함되어 있어 다른 산지의 홍차류와 차별되었다.

### 영국의 퀸 앤 찻잔 이야기

영국의 앤 여왕(Queen Anne)은 1665년 세인트 제임스궁에서 태어나 1714년 런던 켄싱턴궁에서 사망했다. 그녀는 미식가로 차와 술, 특히 브랜디를 좋아했다. 이때 차 문화가 일반인에게도 전해졌고 차를 좋아해 성에 티룸을 만들었다. 켄싱턴궁 안에는 앤 여왕이 만든 오랑제리(Orangery)라는 티룸이 있다. 앤 여왕은 실버 차도구를 좋아했는데 그녀가 사용한 서양 배 모양 티포트(퀸 앤 스타일)는 유명해서 지금도 퀸 앤 실버라고 하여 브랜드가 따로 관리되고 있다. 퀸 앤 찻잔의 퀸 앤은 회사 이름이 아니라 브랜드명이다. 영국의 쇼어앤코깅스사(Shore&Coggins Ltd.)에서 1950년부터 1966년까지 이 브랜드를 사용했으며 같은 그룹인 리지웨이사(Ridgway Ltd.)에서도 비슷한 시기에 이 브랜드명을 사용했다.

## | 터키 홍차 |

터키의 홍차 산지는 북동부 · 흑해와 접하고 있는 리제(Rize)와 트랍존(Trabzon)이다. 해발 1,000m의 비옥한 경사면에 차밭이 있고 1938년경부터 재배되었다. 기후는 여름에는 20℃, 겨울에는 10℃를 밑도는 정도다. 터키인들은 본래 커피를 많이 마셨지만 제1차 세계대전 이후 커피값이 오르면서 홍차를 마시기 시작했다. 홍차는 5~10월에 걸쳐 만들어지며 제조법은 오소독스이지만 대부분 파쇄형이다.

## 흑해 홍차

**| 흑해 홍차 |** 러시아와 가까워 추워서 기온이 내려가는 겨울에는 차를 수확하지 않는다. 향미가 약하지만 밀크티보다는 설탕을 많이 넣어 마신다.

이스탄불공항에서 구입한 터키의 흑해산 홍차를 보스니아의 터키 구역에서 구입한 터키식 유리 찻잔에 담았다.

### 일반적인 관능적 특징

외관은 골든 팁이 많고 흑갈색이며 형태는 작고 잘게 잘라져 있다. 건조차에서 풀 향이 나지만 자꾸 맡으면 꽃 향과 단 향이 있다. 찻물색은 주황색이고 찻물색 향기도 건조차와 같이 꽃 향과 단 향이 난다. 맛은 파쇄형이라 떫을 것 같으나 별로 떫지 않고 부드럽다. 엽저 색은 진한 갈색이고 풀 향이 남아 있다.

**터키 홍차의 향기 Top 10**

| 순위 | 화합물 | 함량(peak %) | 향기 묘사 |
|---|---|---|---|
| 1 | 트랜스-2-헥세날 | 11.08 | 풋풋한 향, 사과 향 |
| 2 | 데카노익산 | 7.35 | 지방취 |
| 3 | 제라니올 | 6.54 | 장미꽃 향 |
| 4 | 베타-이오논 | 6.45 | 꽃 향 |

| 5 | 은데카노익산 | 4.12 | 지방취 |
|---|---|---|---|
| 6 | 트랜스,트랜스-2,4-헵타디에날 | 2.65 | 이취 |
| 7 | 제라닐 아세톤 | 2.63 | 꽃 향 |
| 8 | 3,5-옥타디엔-2-온 | 2.46 | 과일 향 |
| 9 | 리나롤 | 1.97 | 은방울꽃 향, 감귤류 향 |
| 10 | 펜칠 퓨란 | 2.17 | 과일 향, 풋 향 |

### 분석 결과로 본 향기의 조합

관능적으로 꽃 향이 나는 것은 의외로 장미 향을 띠는 제라니올이 3위에 있었고 카로티노이드 분해물인 꽃 향을 띠는 베타-이오논도 4위에 있으며 통상 차류에는 있으나 Top 10 안에는 잘 들어가지 않는 제라늄꽃 향인 제라닐 아세톤도 함유하고 있었다. 이 홍차는 포장에 몽드 셀렉션(Monde Selection, 1961년 벨기에에서 설립된 세계적 권위의 국제품평회)에서 2015년 은상을 수상했다고 적혀 있다. 그러나 유효기간 안에 있는 시료이지만 생산된 지 오래되었는지 차를 저장할 때 생기는 지방취나 이취를 내는 성분들인 데카노익산과 은데카노익산 등의 산류와 저장취인 트랜스,트랜스-2,4-헵타디에날 및 펜칠 퓨란이 포함되어 있었다.

### 터키의 홍차문화 이야기

터키에서 한때 커피 수입을 금지한 탓인지 수입 금지가 해제된 지금도 생활 중 홍차를 음용한다. 호텔에도 홍차가 잘 구비되어 있는데 티백이나 미리 우린 차를 가득 담아둔 곳도 있다. 유람선을 탔을 때도 쇼핑센터를 방문했을 때도 거리에서도 시골마을에서도 홍차를 즐겼다. 터키에서는 홍차 함량이 적은 것은 거의 팔지 않고 400g 정도가 일반적이다. 심지어 킬로그램 단위로 판매하기도 한다. 100g 단위로 되어 있는 것은 가향홍차이거나 설탕을 많이 넣은 대용차류다.

터키 유리잔은 손으로 잘 쥘 수 있게 되어 있다. 찻잔받침은 같은 유리 재질을 사용하나 도자기도 있다. 뜨겁다보니 전통 유리잔에 손잡이를 단 것도 있다. 터키인들은 홍차를 마실 때 2단으로 붙어 있는 포트를 사용하지만 고객이 많은 레스토랑에서는 우려둔 홍차를 큰 용기에 담아 작은 포트에 나눠 사용하거나 유리잔에 바로 넣기도 한다. 터키 사람들은 설탕을 많이 넣어 달게 마시는 경향이 있으며 대표적인 티푸드인 로쿰(Lokum)도 아주 달았다.

터키 호텔의 홍차가 든 통

터키 돌마바흐체궁전 앞 레스토랑의 홍차 티포트

터키 도자기 홍차잔

공항의 터키 홍차 판매(단일 홍차는 단위가 큼)

## | 케냐 홍차 |

케냐를 포함한 말라위, 탄자니아, 우간다 등 아프리카의 몇 나라는 20세기부터 홍차 생산국으로 급부상하고 있다. 케냐는 동아프리카의 적도 아래에 위치하며 해발 1,100~1,800m의 고원지대로 평균기온은 19°C이며 습도가 높은 나라다. 케냐는 1920년부터 영국 식민지로 있었고 1963년 독립했다. 영국 보호령으로 있던 1920년 인도에서 차나무를 들여와 심었고 영국 자본으로 차농장이 세워졌다.

독립한 후에는 자국민이 운영하는 소규모 농장이 보급되었고 홍차개발국(KTDA)이 설립되어 현재 전 생산량의 절반 이상을 그곳을 통해 생산한다. 오소독스법으로 제조해 홍차 함량이 적으며 거의 대부분 CTC 방법으로 생산된다. �알리티 시즌이 없고 연간 품질이 고르며 거의 티백 원료로 수출된다. 찻잎 외관은 흑갈색이며 찻물색은 밝은 홍색으로 적당한 떫은맛이 있다. 우리나라에서는 티 월드 페스티벌이나 차·공예 행사에서 케냐대사관을 중심으로 홍차를 홍보한다.

### 케냐 FOP 홍차

**| 케냐 FOP 홍차 |** 부산 벡스코 차공예 전시행사에서 마담 최 마크가 붙어 있는 잎차를 구입했다.

오소독스 방법으로 제조한 FOP 등급의 국내 브랜드로 출시된 잎차를 찻잔 안에 꽃이 있는 프랑스의 리모주에 담았다.

### 일반적인 관능적 특징

외관은 갈녹색이며 형태는 길고 끝이 살짝 구부러져 있다. 건조차에 꽃 향과 민트 향이 난다. 찻물색은 연한 주홍색이며 잎에서 맡았던 풍부한 꽃 향이 조금 가려지고 흙냄새 같은 향이 살짝 있다. 맛은 향과 다르게 입안에 꽃 향이 남아 있고 살짝 떫은맛이 난다.

**케냐 홍차**(FOP, 한국에서 포장)**의 향기 Top 10**

| 순위 | 화합물 | 함량(peak %) | 향기 묘사 |
|---|---|---|---|
| 1 | 리나롤 | 17.58 | 은방울꽃 향, 감귤류 향 |
| 2 | 메틸살리실레이트 | 9.18 | 민트 향 |
| 3 | 리나롤 옥사이드 II | 8.21 | 달콤한 향, 꽃 향 |
| 4 | 제라니올 | 7.78 | 장미꽃 향 |
| 5 | 리나롤 옥사이드 I | 3.27 | 달콤한 향, 꽃 향 |
| 6 | 페닐아세트알데히드 | 2.64 | 히아신스꽃 향 |
| 7 | 트랜스-2-헥세날 | 2.20 | 풋풋한 향, 사과 향 |
| 8 | 헥사날 | 2.02 | 풋풋한 향 |
| 9 | 시스-3-헥세놀 | 1.82 | 풋풋한 향 |
| 10 | 리나롤 옥사이드 IV | 1.46 | 달콤한 향, 꽃 향 |

### 분석 결과로 본 향기의 조합

FOP 홍차에서 향기 성분 Top 10 화합물을 열거하면 리나롤, 메틸살리실레이트, 리나롤 옥사이드 Ⅱ, 제라니올, 리나롤 옥사이드 Ⅰ, 페닐아세트알데히드, 트랜스-2-헥세날, 헥사놀, 시스-3-헥세놀, 리나롤 옥사이드 Ⅳ 순이었다. 초콜릿 향을 띠는 3-메틸부타날(1.41%)과 백합꽃, 사과, 나무 향을 띠는 네롤리돌(1.28%)도 비교적 많이 들어 있었다. 녹차를 제조하기 전 생엽에도 있는 리나롤은 홍차로 발효되면서 산화물인 리나롤 옥사이드류가 많이 생성된다. 케냐산 FOP에는 세 종류의 리나롤 옥사이드류가 Top 10 안에 포함되어 있었다.

## 케냐 CTC 홍차

**| 케냐 CTC 홍차 |** 캔에 들어 있는 웨지우드 CTC 홍차를 FOP보다 비싼 가격으로 제주도에 있는 홍차 전문 티룸에서 구입했다.

영국의 웨지우드에서 출시되는 케냐산 CTC 홍차를 찻잔 안에 꽃이 없는 프랑스의 리모주에 담았다.

### 일반적인 관능적 특징

CTC 홍차라서 잘게 부셔져 있으며 입자

는 동글동글하고 작다. 잎차와 같은 함량을 같은 시간 우렸는데 찻물색이 진한 홍색으로 상당히 진하며 맛이 떫어 밀크티에 어울릴 것 같다. 유효기간이 많이 남아 있는데도 전반적으로 묵은 냄새가 나지만 다행히 꽃 향이 입안에 머문다.

**케냐 홍차**(CTC, 웨지우드)**의 향기 Top 10**

| 순위 | 화합물 | 함량(peak %) | 향기 묘사 |
|---|---|---|---|
| 1 | 리나롤 | 10.20 | 은방울꽃 향, 감귤류 향 |
| 2 | 데카노익산 | 6.18 | 지방취, 산패취 |
| 3 | 메틸살리실레이트 | 5.95 | 민트 향 |
| 4 | 트랜스-2-헥세날 | 4.74 | 풋풋한 향, 사과 향 |
| 5 | 헥사날 | 3.64 | 달콤한 향, 꽃 향 |
| 6 | 베타-이오논 | 3.34 | 꽃 향 |
| 7 | 운데카논 | 3.12 | 과일 향 |
| 8 | 리나롤 옥사이드 II | 3.05 | 달콤한 향, 꽃 향 |
| 9 | 운데센 | 2.57 | 약한 지방 취 |
| 10 | 제라니올 | 2.56 | 장미꽃 향 |

## 분석 결과로 본 향기의 조합

CTC에는 홍차에 많은 리나롤 산화물 중 리나롤 옥사이드 II만 포함되어 있었다. 이 화합물은 홍차에 꽃 향과 달콤한 향을 부여하는 역할을 한다. 민트 향이 나는 메틸살리실레이트도 케냐의 잎차와 마찬가지로 많이 포함되어 있었다. 장미꽃 향을 띠는 제라니올은 FOP에 많고 CTC에는 좀 적었다. 히아신스꽃 향이 나는 페닐아세트알데히드도 CTC Top 10 안에는 들어가지 않았다. 특히 CTC에는 이취에 영향을 미치는 데카노익산이 많이 포함되어 있고 다른 홍차류에는 없는 은데카논이나 은데센이 Top 10 안에 포함되어 잎차와는 많이 달랐다. 이는 CTC 홍차가 표면적이 넓어 향기 보존에 취약하다는 것을 의미한다.

### 웨지우드 브랜드 이야기

웨지우드(Wedgwood)는 도공의 집에서 태어난 조사이어 웨지우드(Josiah Wedgwood, 1730~1795)가 영국 중부 버슬렘(Burslem)에서 1759년에 설립했다.

**크림웨어:** 웨지우드에서는 만들기도 어렵고 비싸기도 한 백색 포셀린을 대체하기 위해 토기(earthenware)를 개량하여 유백색 크림웨어(Cream ware, 1761)를 만들었는데 가격이 합리적이라 많은 사람이 사용하게 되었다. 영국 국왕 조지 3세의 왕비 샤를로테(Charlotte, 1744~1818)가 사용하게 되어 퀸즈 웨어라는 칭호를 받았고 다른 나라에까지 이름이 알려지게 되었다. 나중에는 색깔이 들어간 것도 퀸즈 웨어라 불리게 되었다.

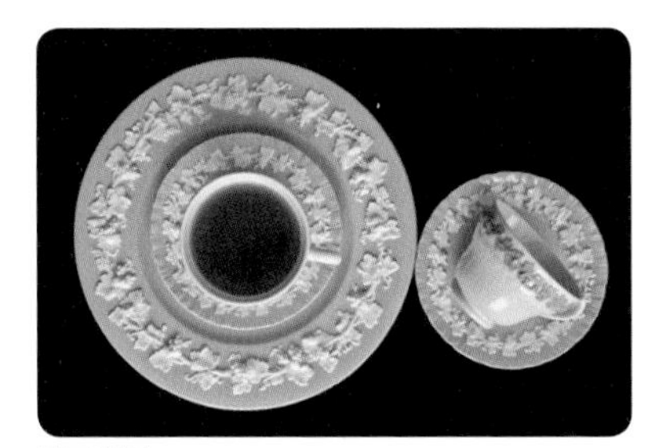

퀸즈 웨어

**재스퍼 웨어:** 조사이어 웨지우드는 이집트의 흑색도자기에서 영향을 받아 만든 블랙 발사트(BlackBasalt,1768, 현무암, 유약 처리를 하지 않은 스톤 웨어)뿐 아니라 수천 회 시행착오를 거쳐 유약 처리를 하지 않은 재스퍼 웨어(Jasper ware)를 완성함으로써 '영국 도

예의 아버지'로 불린다. 이것은 석기를 이용한 자기로 색깔이 다양하며 각각의 색깔에 대비되는 하얀색 등으로 고대 그리스신화나 로마시대 무늬를 장식했다. 색깔에 따라 가격이 다른데 대체로 블랙, 핑크 > 옐로 > 다크 블루 > 그린 > 스카이 블루 순으로 가격이 싸진다. 그 후 조사이어 2세가 파인 본차이나를 생산해 큰 발전을 거듭했다.

여러 가지 색깔의 재스퍼 웨어

**웨지우드의 백마크와 로고:** 웨지우드의 백마크를 보면 도자기를 만든 연대를 알 수 있다. 1878~1900년은 다양한 색의 항아리가 그려져 있고 1900~1962년은 항아리 아래 동그라미 세 개와 스타 표시가 그려져 있다. 1902~1949년은 갈색항아리, 1950~1962년은 초록 항아리(찻잔의 핸들이 작음), 1963~1997년은 검정 항아리(핸들에 손가락이 들어감)로 wedgwood 글자와 함께 있다. 1968년 로열 투스칸과 크라운 스태퍼드셔를 인수했으나 1986년 워트포드사에 합병되었다. 1998년 이후는 wedgwood 글자와 함께 W라는 글자가 크게 적히게 되었다. 글자 안에 항아리가 그려지기도 한다. 2008년 후반기부터 생산라인이 대부분 인도네시아로 옮겨갔다.

웨지우드의 백마크와 로고(www.wedgwood.com/)

**차 브랜드 웨지우드 이야기:** 1991년부터는 웨지우드 차도구에 걸맞은 홍차 브랜드가 출시되어 엄선된 다원의 찻잎으로 싱글 혹은 블렌딩 차류를 만들어 판매하고 있다.

# 한국의 홍차

우리나라에서는 홍차보다는 녹차 위주로 생산되어왔다. 필자도 우리나라 녹차를 좋아해서 평소 즐겨 마시고 그동안 녹차에 관해 많은 연구를 하여 한국차학회를 중심으로 결과를 발표해왔다. 우리나라는 미생물 발효차가 아닌 효소 발효차를 주로 만들어 마셔왔기 때문에 이미 이전에 화개 일대에서 생산되는 국산 발효차의 연구, 발효도 등급에 따른 제주도산 발효차 연구 및 국내산 미생물 발효차 등에 관해서도 연구해 학회지 등에 발표한 적이 있다.

특히 하동 지역의 발효차는 녹차와 함께 역사도 있고 유명하여 이미 필자가 분석한 뒤 앞서 나온 책과 학술지에 발표한 바 있다. 여기서는 홍차라는 이름을 붙여 생산·판매되는 지역별 몇 가지 홍차류를 시료로 하여 향기 분석을 하고 향기 성분 Top 10을 중심으로 고찰하고자 한다. 연구 목적은 국산 홍차의 품질 향상과 다양한 상품 개발에 두고자 했다. 홍차라는 이름으로 판매되는 국산 브랜드의 정보가 부족해 입수할 수 있는 몇 가지 제품을 단편적으로 연구하여 부족한 점이 많다는 것을 미리 밝혀둔다.

## 오설록 홍차

**| 오설록 홍차 |** 오설록 다원은 천 년 역사를 간직한 우리의 차문화를 되살리고 대중이 편하게 마실 수 있는 실용적인 차를 추구하며 아울러 우리 전통문화를 정립하고 싶다는 설립자인 서성환 님의 집념으로 만들어졌다. 다원의 중심은 제주도에 있으며 최고 찻잎을 생산할 수 있는 자연환경과 더불어 위생적인 최신 설비로 그동안 녹차와 가향차 등 많은 차류를 생산해왔다. 홍차라는 이름으로 제품을 출시한 지는 오래되지 않았으나 출시 전 연구소에서 좋은 제품을 생산하려고 많이 노력했다.

오설록연구소에서 4월과 5월에 수확하여 제조한 오설록 홍차를 영국산 로열 덜튼 찻잔에 담았다. 4월 홍차를 담은 찻잔(왼편)은 로열 덜튼의 1939~1942년산이고 5월 홍차를 담은 찻잔(오른편)은 로열 덜튼의 1943~1948년산이다. 두 찻잔은 본래 트리오인데 모양이 같다.

### 일반적인 관능적 특징

**4월의 홍차:** 외관은 암녹색이며 골든 팁이 섞여 있어 윤기가 나고, 형태는 가늘고 균일하며 풀 향과 단 향이 난다. 찻물색은 등황색이며 향은 꽃 향과 단 향이 약간 난다. 맛은 부드럽게 넘어가고 녹차 같은 깔끔한 맛이 있다. 엽저 색은 황갈색이고 단 향이

**오설록**(4월 말 수확) **홍차의 향기 Top 10**

| 순위 | 화합물 | 함량(peak %) | 향기 묘사 |
|---|---|---|---|
| 1 | 제라니올 | 7.56 | 장미꽃 향 |
| 2 | 네롤리돌 | 6.35 | 백합꽃, 사과, 나무 향 |
| 3 | 트랜스-2-헥세날 | 6.02 | 풋풋한 향, 사과 향 |
| 4 | 헥사날 | 5.75 | 풋풋한 향 |
| 5 | 리나롤 | 2.23 | 은방울꽃 향, 감귤류 향 |
| 6 | 리나롤 옥사이드 II | 2.19 | 달콤한 향, 꽃 향 |
| 7 | 리나롤 옥사이드 IV | 1.98 | 달콤한 향, 꽃 향 |
| 8 | 벤즈 알코올 | 1.73 | 달콤한 향 |
| 9 | 메틸살리실레이트 | 1.21 | 민트 향 |
| 10 | 벤즈알데히드 | 1.09 | 아몬드 향 |

**오설록**(5월 중순 수확) **홍차의 향기 Top 10**

| 순위 | 화합물 | 함량(peak %) | 향기 묘사 |
|---|---|---|---|
| 1 | 네롤리돌 | 23.10 | 백합꽃, 사과, 나무 향 |
| 2 | 트랜스-2-헥세날 | 10.55 | 풋풋한 향, 사과 향 |
| 3 | 헥사날 | 4.16 | 풋풋한 향 |
| 4 | 제라니올 | 4.07 | 장미꽃 향 |
| 5 | 리나롤 | 2.52 | 은방울꽃 향 |
| 6 | 트랜스-2-헥세닐 헥사노에이트 | 2.04 | 풋풋한 향 |
| 7 | 베타-이오논 | 1.93 | 꽃 향 |
| 8 | 페닐아세트알데히드 | 1.73 | 히아신스꽃 향 |
| 9 | 파르네센 | 1.21 | 나무 향, 풋풋한 향 |
| 10 | 리나롤 옥사이드 II | 1.09 | 아몬드 향 |

남아 있다. 사진에는 찻잔 높이가 있어 본래 색깔보다 진하게 보인다.

**5월의 홍차:** 외관은 암녹색으로 4월의 홍차보다 약간 진한 듯하나 별 차이가 없으며 윤기가 나지 않고 모양이 좀 부서진 상태라 작게 보인다. 찻물색은 등황색이며 풀 향이 나나 맛을 보면 꽃 향과 과일 맛이 어우러져 나타나며 엽저는 4월의 홍차보다 녹색이 더 있다. 사진에는 찻잔의 높이가 있어 본래 색깔보다 진하게 보인다.

### 분석 결과로 본 향기의 조합

4월 홍차는 장미 향을 띠는 제라니올과 백합꽃, 사과, 나무 향인 네롤리돌을 많이 함유하고 있었다. 장미 향으로 유명한 다즐링 홍차보다 이 홍차에 네롤리돌 함량이 많다. 5월 홍차는 네롤리돌 함량이 최고조에 달했다. 홍차류에서 네롤리돌의 동향은 차나무 품종과 차의 등급 차이에서 기인하는 것으로 생각되었다.

두 홍차는 향기 Top 5까지 화합물이 같고 순서만 달랐다. 제라니올 함량이 많은 것은 다즐링과 일치했지만 다즐링에 비해 풋풋한 향을 띠는 화합물이 5위 안에 두 개나 들어 있었다. 장미 향인 2-페닐에탄올이 페닐아세트알데히드로 변하는데 5월 홍차에 히아신스꽃 향이 나는 페닐아세트알데히드가 함유되어 있었다. 이것은 찻잎의 수확 시기와도 무관하지 않은 것 같으며 홍차 발효도에도 기여하는 것으로 생각된다.

# 제주 숲 홍차

오설록 제주 숲 홍차를 올드 앤슬리 찻잔(마크를 보면 1955년산이란 것을 알 수 있다)에 담았다.

**| 제품화된 오설록 제주 숲 홍차 |** 연구소에서 제공된 4월과 5월 홍차의 향기를 분석한 후 오설록의 제주 숲이라는 홍차를 백화점 식품부에서 발견했다. 앞서 연구한 4월과 5월 홍차를 상품화한 것으로 생각되어 일단 관능검사를 시행했다. 그 결과 외관색은 암녹색이고 작고 가늘며 균일한 입자 형태를 띠고 있었다. 향은 덖음 처리를 한 느낌이 났다. 찻물색은 투명하고 깨끗한 등황색이었으며 향기는 풀 향이 있었다. 맛은 떫지 않고 부드러웠으며 꽃향과 과일이 향이라기보다 맛으로 남아 있는 듯했다. 결론적으로 제주 숲은 제주산 4월의 홍차를 출시 직전에 덖음 처리하여 제품화한 것으로 생각되었으나 확인하지는 않았다. 오설록의 세 가지 시료 색깔을 같은 찻잔에 담아 비교했다. 뒤편에 4월과 5월 홍차를 담은 찻잔받침은 국내산 행남자기(http://www.haengnammall.co.kr)다.

위에서부터 시계방향으로 4월 홍차와 5월 홍차 및 제주 숲 홍차의 색깔 비교(http://www.osulloc.com)

## 보성제다 홍차

**| 보성제다 홍차 |** 전남 보성군 미력농공단지에 위치한 보성제다에서는 유기농 잎차를 이용하여 홍차를 생산한다. 4월과 5월 홍차는 금홍 홍차 이야기라고 하여 똑같은 포장 박스인데 4월에 생산되는 홍차에는 Special Tea라고 적혀 있는 은박 스티커가 붙어 있다.

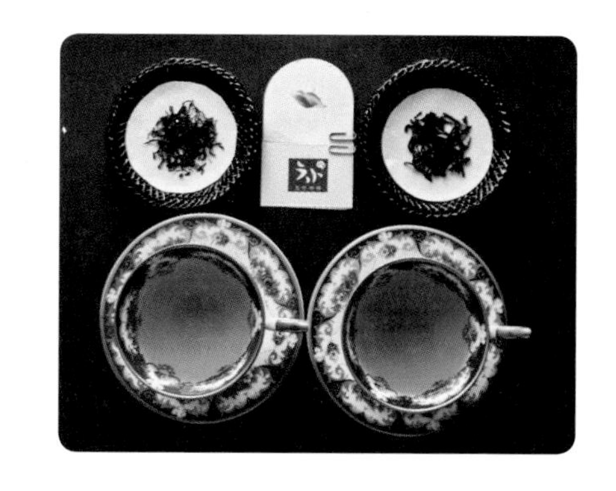

4월과 5월에 수확하여 제조한 보성제다 홍차를 국내산 한국도자기(http://www.hankook.com) 찻잔에 담았다.

### 일반적인 관능적 특징

**4월의 홍차:** 외관은 녹갈색이고 형태는 가늘고 길며 작은 형태다. 차를 꺼낼 때부터 강한 풀 향과 꽃 향이 나고 화한 느낌을 준다. 찻물색은 황색이며 향은 꽃 향과 단 향이 있으나 구수한 향도 난다. 맛은 부드럽게 넘어가고 녹차 같은 깔끔한 맛이 느껴진다. 엽저 색은 연갈색이고 구수한 향이 남아 있다.

**5월의 홍차:** 외관은 암갈색이며 4월에 비해 많이 두껍고 길게 말린 형태를 하고 있다. 건조차의 향은 4월보다 다소 약하다. 찻물색은 등황색이며 향은 4월에 비해 꽃 향은 약하나 구수한 향이 있다. 맛은 살짝 떫으며 4월보다는 무거운 맛이나 일반 홍차류보다는 부드럽다. 엽저 색은 연갈색이고 달콤한 향이 남아 있다.

**보성제다 홍차(4월 초순 수확)의 향기 Top 10**

| 순위 | 화합물 | 함량(peak %) | 향기 묘사 |
|---|---|---|---|
| 1 | 제라니올 | 22.34 | 장미꽃 향 |
| 2 | 네롤리돌 | 10.19 | 백합꽃, 사과, 나무 향 |
| 3 | 리나롤 | 6.72 | 은방울꽃 향, 감귤류 향 |
| 4 | 트랜스-2-헥세날 | 5.94 | 풋풋한 향, 사과 향 |
| 5 | 리나롤 옥사이드 II | 5.35 | 달콤한 향, 꽃 향 |
| 6 | 메틸살리실레이트 | 4.95 | 민트 향 |
| 7 | 헥사날 | 4.84 | 풋풋한 향 |
| 8 | 페닐아세트알데히드 | 3.32 | 히아신스꽃 향 |
| 9 | 노나날 | 2.57 | 꽃 향 |
| 10 | 트랜스-2-헥세닐 핵사노에이트 | 2.41 | 풀 향 |

**보성제다 홍차(5월 초순 수확)의 향기 Top 10**

| 순위 | 화합물 | 함량(peak %) | 향기 묘사 |
|---|---|---|---|
| 1 | 네롤리돌 | 16.91 | 백합꽃, 사과, 나무 향 |
| 2 | 트랜스-2-헥세날 | 7.35 | 풋풋한 향, 사과 향 |
| 3 | 헥사날 | 6.90 | 풋풋한 향 |
| 4 | 제라니올 | 4.89 | 장미꽃 향 |
| 5 | 리나롤 | 4.76 | 은방울꽃 향, 감귤류 향 |
| 6 | 페닐아세트알데히드 | 3.80 | 히아신스꽃 향 |
| 7 | 메틸살리실레이트 | 3.45 | 민트 향 |
| 8 | 리나롤 옥사이드 II | 2.69 | 달콤한 향, 꽃 향 |
| 9 | 베타-이오논 | 2.55 | 제비꽃 향 |
| 9 | 베타-이오논-5,6-에폭사이드 | 2.55 | 제비꽃 향 |
| 9 | 파르네센 | 2.55 | 나무, 풋풋한 향 |

### 분석 결과로 본 향기의 조합

4월 홍차와 5월 홍차의 향기 성분을 분석한 결과 전체 화합물 숫자는 각각 40종류와 54종류로 나타났다. 다즐링의 경우 두 번째 수확하는 두물차가 처음 수확하는 첫물차보다 성숙한 향미가 있다고들 한다. 5월 홍차에서 전체 화합물의 증가는 4월 홍차의 향기가 온화하며 5월 홍차의 향이 관능적으로 더 풍부하게 해주는 요인이 되는 것 같았다. 5월 홍차에서 추가로 동정된 화합물 중 중요한 것으로는 백포도주 향으로 유명한 3,7-디메틸-1,5,7-옥타트리엔-3-올, 장미 향을 띠는 2-페닐에탄올, 카로틴 색소분해물인 꽃 향을 띠는 알파-이오논과 베타-이오논-5,6-에폭사이드, 꽃 향과 과일 향을 띠는 페닐 이소발레르레이트 및 나무 향을 띠는 파르네센 등으로 이 화합물들이 5월 홍차의 향기를 더 풍부하게 발현시키는 데 일조하는 것 같았다.

## 보성 몽중산제다 홍차

**| 몽중산 제다 홍차 |** 전남 보성군의 몽중산 기슭(해발 432m)에서 유기농재배로 수확한 잎으로 제조한 홍차다.

보성의 몽중산 홍차를 로열 크라운 더비의 초기 포지스 패턴 찻잔에 담았다.

### 일반적인 관능적 특징

외관은 짙은 녹색이고 비교적 가늘고 구부러진 형태로 풀 향이 있다. 찻물색은 투명한 주황색을 띤다. 향은 풋풋한 향이 먼저 올라오고 단 향이 느껴진다. 떫은맛은 별로 없고 살짝 단맛이 있다.

**보성 몽중산제다 홍차의 향기 Top 10**

| 순위 | 화합물 | 함량(peak %) | 향기 묘사 |
|---|---|---|---|
| 1 | 네롤리돌 | 8.31 | 백합꽃, 사과, 나무 향 |
| 2 | 페닐아세트알데히드 | 6.48 | 히아신스꽃 향 |
| 3 | 트랜스-2-헥세날 | 5.47 | 풋풋한 향, 사과 향 |
| 4 | 제라니올 | 5.08 | 장미꽃 향 |
| 5 | 베타-이오논 | 4.43 | 제비꽃 향 |
| 6 | 리나롤 | 4.14 | 은방울꽃 향, 감귤류 향 |
| 7 | 헥사날 | 2.62 | 풋풋한 향 |
| 8 | 리나롤 옥사이드 I | 2.60 | 달콤한 향, 꽃 향 |
| 9 | 리나롤 옥사이드 II | 2.52 | 달콤한 향, 꽃 향 |
| 10 | 벤즈알데히드 | 2.52 | 아몬드 향 |

### 분석 결과로 본 향기의 조합

이 홍차는 시판 제품을 구입하여 수확한 시기를 모르는 상태였지만 제라니올 함량보다 네롤리돌과 히아신스꽃 향이 나는 페닐아세트알데히드가 부각되는 것으로 보아 5월에 수확한 잎으로 제조한 것이라고 유추할 수 있었다. 국산 홍차 중에서는 전체적으로 꽃 향을 띠는 화합물의 함량이 높았다. 페닐아세트알데히드 함량이 높은 이유는 찻잎 수확 시기와도 무관하지 않은 것 같으며 홍차 발효도가 높은 것으로 생각된다. 달콤한 향을 내는 화합물 중 3,7-디메틸-1,5,7-옥타트리엔-3-올은 Top 10 안에는 들어가지 못했으나 비교적 많은 편(2.43%)이었다. 페닐아세트알데히드와 초콜릿 향인 3-메틸 부타날의 반응으로 생성된 코코아 향이 나는 5-메틸-2-페닐-2-헥세날이 함유되어 있었다. 이 화합물은 필자가 대만의 밀향 홍차에서 처음으로 향기의 생성 메커니즘을 밝힌 바 있다.

### 로열 크라운 더비 브랜드 이야기

더비(Derby)요업은 1750년 영국 중부의 더비에 세워졌으며 1775년에는 조지 3세에게서 크라운 칭호를 받았다. 1890년에는 로열 칭호까지 받아 왕실의 상징인 사자가 백마크에 올라오게 되었다. 1811년에는 화가 다섯 명이 팀에 합류하고 일본의 이마리 패턴을 만들어 이 제품에서만 독보적인 존재다. 영국에서 100% 파인 본차이나를 생산하는 기업으로 자부하며 지금까지 패턴과 모양에서 새롭고 혁신적인 디자인에 초점을 맞춰 영국 정신을 전달하고 전통을 고취해나가는 노력을 계속하고 있다.(http://www.royalcrownderby.co.uk)

### 포지스 패턴 찻잔 이야기

홍차를 담은 찻잔은 로열 크라운 더비의 초기(1921~1937) 포지스(Posies) 패턴으로 아름다운 꽃은 여름정원을 표현했다. 18세기 플로랄 화가의 작품에서 영감을 얻어 시작되었다는 포지스 패턴은 로열 크라운 더비에서 인기를 많이 얻은 디자인 중 하나다.

1970년대에 만들어진 것보다 더 디테일하고 꽃도 풍부하며 본차이나 본연의 얇고 견고한 푸티드 타입 버포드(Burford) 쉐입의 찻잔 세트다. 전담 도예가로 지정받은 시기에 생산했으며 잔과 소서 테두리에서 중앙으로 레이스 스타일의 엠보싱 처리를 하고 골드 악센트가 있어 예쁘다. 금장 부분은 아티스트 허버트 배틀리(Herbert Batteley, 바닥에 HB 2773), 플라워 부분은 케이트 캐슬(Kate J. Castle, 바닥에 C 7731) 작품이다. 1982~1992년까지 생산된 패턴은 서리(Surrey) 쉐입이라고 한다.

로열 크라운 더비의 포지스, 여름정원

# 정읍 옥정호 홍차

**| 정읍 옥정호 홍차 |** 전북 정읍시 산내면 매죽리 해발 400m에서 채취한 홍차로, 이 지역은 옥정호와 가까워 일교차가 크고 안개 낀 날이 많아 차 재배지로 좋다고 소개되어 있다. 국내산 홍차 재료를 검색하다가 우연히 알게 된 홍차다.

정읍 옥정호 홍차를 1920년대 찻잔인 영국의 멜바 본차이나에 담았다.

## 일반적인 관능적 특징

외관은 짙은 녹색이고 비교적 가늘고 구부러진 형태이며 풀 향이 있다. 찻물색은 투명한 주황색을 띤다. 향은 풋풋한 향과 사과 향이 먼저 올라오고 단 향이 느껴진다. 맛은 떫은맛은 별로 없고 살짝 단맛이 있다.

**옥정호 홍차의 향기 Top 10**

| 순위 | 화합물 | 함량(peak %) | 향기 묘사 |
|---|---|---|---|
| 1 | 트랜스-2-헥세날 | 8.59 | 풋풋한 향, 사과 향 |
| 2 | 헥사날 | 6.42 | 풋풋한 향 |
| 3 | 페닐아세트알데히드 | 6.02 | 히아신스꽃 향 |
| 4 | 제라니올 | 5.75 | 장미꽃 향 |
| 5 | 리나롤 옥사이드 II | 3.32 | 달콤한 향, 꽃 향 |

| 6 | 메틸살리실레이트 | 2.76 | 민트 향 |
|---|---|---|---|
| 7 | 리나롤 | 2.74 | 은방울꽃 향, 감귤류 향 |
| 8 | 베타-이오논 | 2.38 | 꽃 향 |
| 9 | 3-메틸부타날 | 2.34 | 초콜릿 향 |
| 10 | 2-메틸부타날 | 2.21 | 초콜릿 향 |

### 분석 결과로 본 향기의 조합

옥정호 홍차는 풋풋한 풀냄새에 기여하는 향기화합물 함량이 국내산 다른 지역 홍차보다 전체적으로 많은 편이었다. 즉, 향기 함량 1위는 트랜스-2-헥세날이, 2위는 헥사날이 차지했다. 이것은 국내산 다른 홍차류와 품종과 수확 시기가 다소 다른 것으로 추측되며 관능검사에서 건조된 것이나 우린 찻물에서도 풀 향이나 사과 향이 부각되는 요인으로 작용하는 것 같았다. 그러나 3위, 4위는 각각 홍차 발효도가 높을 때 많이 생성된다고 생각되는 히아신스꽃 향이 나는 페닐아세트알데히드와 장미꽃 향이 나는 제라니올이 차지했다.

국내산 다른 홍차류와 차별화되는 것은 초콜릿 향이 나는 3-메틸부타날과 2-메틸부타날의 존재였다. 특히 2-메틸부타날은 대만의 일반 홍차에서 향기 Top 10 안에 들어 있었다. 우바 향의 대표 격인 민트 향을 내는 메틸살리실레이트도 많이 함유되어 있었다.

### 멜바 본차이나 찻잔 이야기

정읍 홍차의 박스 색깔이 검정과 빨강이었으므로 그것에 맞는 잔을 찾다가 1920년대에 생산된 영국 멜바(Melba)요업의 본차이나를 고르게 되었다. 이것은 아르데코(Art Deco, 1925년 파리에서 열린 현대장식미술·산업미술국제전을 특징지음) 스타일이라고 하는데 아르데코는 제1차 세계대전 이후 이전의 여성적이고 부드럽고 곡선적 디자인인 아르누보(Art Nouveau, 19세기에 잠시 유행한 장식양식이며 유연한 곡선과 곡면이 특징) 스타일에서 벗어나 직선을 주로 사용하나 기본형태의 반복, 동심원, 지그재그 등 기하학적으로 단순하면서도 아름다운 새로운 양식을 만들어냈다.

좌: 아르누보인 빌레로이&보흐 디자인 1900을 1980년 이후 재현하여 룩셈부르크에서 생산. 우: 아르데코인 웨지우드 세라믹 아티스트 클라리스 클리프 컬렉션인 1930년대 히트 디자인 레몬 문양을 1999~2000년 한정판으로 재현

# 블렌디드 홍차, 얼그레이 홍차, 가향 홍차류

블렌디드 홍차에서 블렌딩이란 각 산지의 다원에서 생산되는 단일 품종의 찻잎으로 홍차를 제조하지 않고 여러 가지 찻잎을 혼합하여 고유의 홍차를 만들어내는 것이다. 찻잎은 농산물이기 때문에 여러 가지 요인으로 해마다 똑같은 차가 생산되지 않는다. 각 다원의 전문가들은 여러 종류의 차를 커피의 블렌딩처럼 향미 등을 균형 있게 혼합하여 품질이 안정된 차를 제조한다.

블렌딩에는 생산지가 같지만 품종이 다른 것, 품종은 같지만 생산지가 다르거나 품종도 다른 것끼리 많은 차를 혼합하기도 한다. 이렇게 함으로써 전체적으로 차 종류의 범위도 훨씬 넓어져 용도에 맞는 홍차를 적정가격으로 출시할 수 있다.

얼그레이(earl grey) 홍차는 역사가 1830년대에 시작되었으며 가향차 중 가장 대중적으로 소비되며 발전해왔다. 영국의 그레이 백작이 즐긴 데서 유래한 차로, 처음에는 홍차에 베르가못(bergamot) 과일즙을 섞었다. 하지만 지금은 주로 합성향료인 베르가못 정유(bergamot oil)를 부여한다.

베르가못은 감귤류이며 원산지는 이탈리아(시칠리아섬)이고 케냐나 모로코에서도 생산된다. 미숙 과피의 껍질을 압착해 정유를 만드는데 성분은 리나릴 아세테이트(linalyl acetate), 리나롤(linalool), 메틸 안트라닐레이트(methyl anthranilate), 리모넨(limonene)으로 구성되어 있다고 알려져 있다. 베르가못 정유의 건강 효능은 항우울성과 항균·살균 효과가 있다.

가향차는 차에 '향을 부여한 것(flavored tea)'으로 넓은 의미에서는 꽃차[花茶]도 포함된다. 역사적으로 가장 오래된 가향차는 17세기부터 만들어졌으며 소나무 연기에 훈연한 차인 중국의 정산소종(Lapsang Souchong)이라고 한다. 얼그레이도 대표적인 가향차다. 최근에는 프랑스의 마리아주 프레르와 쿠스미, 일본의 루피시아 등 많은 브랜드에서 초콜릿, 과일 향, 향신료 또는 합성향을 첨가한 다양한 가향차를 생산하고 있다.

## 로열 블렌드 홍차

**| 로열 블렌드 홍차 |** 로열 블렌드는 인도의 아쌈과 로 그로운(low grown)의 실론차를 혼합한 차다. 영국 국왕 에드워드 7세를 위한 블렌딩으로 1902년 처음 만들어져 대중화되었다.

포트넘 앤 메이슨의 로열 블렌드 홍차를 파라곤의 본차이나로 1953년산 엘리자베스 여왕 2세 대관식 기념 찻잔에 담았다.

### 일반적인 관능적 특징

외관은 갈색이고 갈색 줄기와 골든 팁도 있다. 길고 작으며 균일한 형태로 향은 꽃 향과 단 향이 난다. 찻물색은 진한 주홍색이며 향기는 찻물에서도 꽃 향과 단 향이 살짝 난다. 맛은 혀끝이 달고 약간 떫은맛이 난다.

**로열 블렌드의 향기 Top 10**

| 순위 | 화합물 | 함량(peak %) | 향기 묘사 |
|---|---|---|---|
| 1 | 리나롤 | 8.94 | 은방울꽃 향, 감귤류 향 |
| 2 | 메틸살리실레이트 | 7.25 | 민트 향 |
| 3 | 리나롤 옥사이드 II | 5.54 | 달콤한 향, 꽃 향 |
| 4 | 트랜스-2-헥세날 | 4.05 | 풋풋한 향, 사과 향 |
| 5 | 헥사날 | 2.91 | 풋풋한 향 |
| 6 | 리나롤 옥사이드 I | 2.52 | 달콤한 향, 꽃 향 |
| 7 | 시스-3-헥세놀 | 1.94 | 풋풋한 향 |
| 8 | 베타-이오논 | 1.60 | 꽃 향 |
| 9 | 페닐아세트알데히드 | 1.48 | 히아신스꽃 향 |
| 10 | 2-페닐에탄올 | 1.33 | 장미꽃 향 |

### 분석 결과로 본 향기의 조합

블렌딩 홍차는 통상 블렌딩용으로 많이 사용하는 아쌈을 베이스로 해서인지 찻물색은 진하나 향기 특성은 약했다. 분석 결과도 싱글 오리진과 현저하게 달라 싱글 오리진에 비해 제라니올과 같은 꽃 향과 풋풋한 향은 현저히 적게 들어 있었다. 카로티노이드 분해로 생성되는 약한 꽃 향을 띠는 베타-이오논 화합물은 싱글 오리진 홍차보다 많이 들어 있었다.

## 차 브랜드 포트넘&메이슨 이야기

포트넘과 메이슨(Fortnum and Mason) 두 사람이 1707년 식료품점을 시작했는데 지금까지도 런던 시내에서 식료품, 차도구를 포함한 차류, 잡화, 티룸을 갖춘 세계인이 즐겨 찾는 명소가 되었다. 홍차 중 로열 블렌드도 유명하지만 이 회사 설립과 왕실 납품에 영향을 준 앤 여왕 이름을 딴 퀸 앤 홍차도 유명하다. 빅토리아 여왕 시대에 홍차를 비롯한 많은 식료품을 왕실에 납품했다. 지상층(G: ground로 표시되어 있고 우리나라에서는 1층에 해당)에서 3층까지 티푸드, 차류, 차도구들을 판매한다. 각종 차류의 향을 맡아보고 추출하는 요령까지 적혀 있는 코너는 홍차를 구입하는 데 많은 정보를 준다. 포트넘&메이슨 매장은 2017년 서울 신세계 본점에 입점했다.

# 기문 얼그레이 홍차

**| 기문 얼그레이 홍차 |** 일본 루피시아 브랜드의 얼그레이 홍차는 중국 기문 홍차 베이스에 베르가못 향료(배합 퍼센트 미표기)를 첨가한 전통적인 얼그레이이다.

일본 루피시아의 얼그레이 홍차(상품번호 5201)를 덴마크의 로열 코펜하겐(인도네시아산) 프린세스 찻잔에 담았다.

## 일반적인 관능적 특징

외관은 암갈색이고 형태는 반듯한 것과 구부러진 것이 혼합되어 있다. 향은 개봉하자마자 꽃 향이 강하게 느껴진다. 찻물색은 등황색이며 향은 꽃 향이 먼저 나고 과일 중에서는 오렌지 향이 강하게 느껴진다. 맛은 떫은맛도 약간 나며 얼그레이 홍차 중에서는 마일드하다는 느낌을 준다. 엽저에도 향이 계속 남아 있다.

**기문 얼그레이**(루피시아) **홍차의 향기 Top 10**

| 순위 | 화합물 | 함량(peak %) | 향기 묘사 |
|---|---|---|---|
| 1 | 리나롤 | 38.40 | 은방울꽃 향, 감귤류 향 |
| 2 | 리나릴 아세테이트 | 19.90 | 과일 향 |
| 3 | 리모넨 | 10.56 | 감귤류 향 |
| 4 | 캄퍼 | 9.60 | 장뇌 향 |

| 5 | 제라닐 아세테이트 | 3.99 | 과일과 꽃 향 |
|---|---|---|---|
| 6 | 제라니올 | 2.66 | 장미꽃 향 |
| 7 | 네릴 아세톤 | 2.38 | 꽃 향 |
| 8 | 카렌 | 2.05 | 감귤류 향 |
| 9 | 테르피넨 | 1.66 | 감귤류 향 |
| 10 | 오시멘 | 1.15 | 꽃과 풀 향 |

### 분석 결과로 본 향기의 조합

기문 홍차를 베이스로 한 이 홍차에서는 리나롤이 차지하는 비율이 현저하게 높았다. 2위는 리나릴 아세테이트가 차지하고 리모넨은 3위로 밀렸다. 본래 베르가못 정유는 리나릴 아세테이트(38~44%), 리나롤(20~30%), 메틸 안트라닐레이트 및 리모넨으로 구성되어 있다. 따라서 이 홍차는 베르가못 합성향을 조합할 때 비교적 원본에 충실한 것으로 생각할 수 있었다. 리나릴 아세테이트는 라벤다 정유와 베르가못 정유의 주성분으로 각종 꽃 정유를 조합할 때 널리 사용되며 향은 베르가못 혹은 배와 닮은 플로랄-푸르티(floral-fruity)로 알려져 있다. 이러한 구성은 이 차의 관능 특징에 잘 부합되었다.

## 타바론 얼그레이 홍차

**| 타바론 얼그레이 홍차 |** 중국의 홍차 베이스에 베르가못 향료 4%를 첨가한 미국 타바론(Tavalon)사 2016년산 얼그레이이다.

미국 브랜드인 타바론(Tavalon)사 얼그레이 홍차를 미국산 프란시스칸(Franciscan) 찻잔에 담았다.

### 일반적인 관능적 특징

외관은 암갈색이고 형태는 비교적 크다. 향은 화장품 향기처럼 진하다. 찻물색은 등황색을 띤다. 향은 건조차로 맡을 때보다 우린 것이 순하다. 맛은 입안에 계속 베르가못 향이 남아 있는 듯하며 목 넘김이 무난하다.

**타바론 얼그레이 홍차의 향기 Top 10**

| 순위 | 화합물 | 함량(peak %) | 향기 묘사 |
|---|---|---|---|
| 1 | 리나롤 | 30.27 | 은방울꽃 향, 감귤류 향 |
| 2 | 리모넨 | 14.30 | 감귤류 향 |
| 3 | 캄퍼 | 11.05 | 장뇌 향 |
| 4 | 리나릴 아세테이트 | 9.60 | 과일 향 |
| 5 | 제라닐 아세테이트 | 5.24 | 과일과 꽃 향 |
| 6 | 제라니올 | 4.26 | 장미꽃 향 |
| 7 | 네릴 아세톤 | 3.19 | 꽃 향 |
| 8 | 미르센 | 2.30 | 정향 향 |
| 9 | 오시멘 | 2.11 | 꽃과 풀 향 |
| 10 | 시트로 네롤 | 2.04 | 장미꽃 향 |

### 분석 결과로 본 향기의 조합

이 홍차는 베르가못 향을 4%나 사용하여 홍차 본연의 향은 거의 찾아볼 수 없었는데 앞서 소개한 기문 얼그레이와 마찬가지로 리나롤 함량이 제일 높았다. 얼그레이 홍차류에서 은방울꽃 혹은 약간은 감귤류 향을 지닌 정유 성분인 리나롤 함량이 압도적으로 많은 것은 본래 감귤류에 리나롤 함량이 높을 뿐 아니라 홍차류에도 높기 때문이다. 오렌지와 닮은 향기의 정유성분이며 라임이나 과일의 식품 향료로 사용되는 리모넨은 두 번째로 많이 들어 있었다. 리나롤, 리모넨, 제라니올을 제외하고는 거의 통상 홍차류에서는 잘 나오지 않는 향료화합물들로 구성되어 있어 홍차 본연의 향은 맡기 어려웠다.

### 차 브랜드 타바론사 이야기

타바론(Tea와 Avalon의 합성어로 티의 파라다이스라는 의미)사의 홍차와 차도구는 코엑스에서 열린 카페 쇼에서 구입했다. 그 후 인터넷에서 이 회사에 대해 알게 되었다. 젊은 한인 2세인 이창선(미국 이름 존 폴 이) 씨가 2005년 친구와 함께 설립한 차 제조업체로 뉴저지에 본사를 둔 타바론은 전 세계 2,600여 개 업체에 납품하고 있다.

### 프란시스칸 찻잔 이야기

미국 캘리포니아 지역에서 1875년 설립된 세라믹회사 글래딩 맥빈(Gladding Mcbean)이 모태가 되었다. 그 뒤 회사 이름을 프란시스칸(Franciscan)으로 바꾸었으며 1934년부터 생산된 식기에 프란시스칸이라는 이름이 붙었다. 캘리포니아의 흙이 좋아 품질

사막의 장미

좋은 도자기를 생산할 수 있었다. 미국산 타바론에 사용한 이 찻잔은 사막의 장미(Desert Rose)라고 하며 1941년 생산된 제품으로 재클린 오나시스(Jacqueline Kennedy Onassis)가 이 브랜드를 좋아해 백악관에 들였다고 해서 유명해졌다. 웨지우드에서 1979년 프란시스칸을 인수했다. 영국에서도 같은 제품을 만드는데 다른 제품과 달리 미국에서 만든 사막의 장미가 더 오래된 앤티크다.

## 트와이닝 레이디 그레이 홍차

**| 트와이닝 레이디 그레이 홍차 |** 트와이닝사의 레이디 그레이는 코엑스에서 개최된 카페쇼에서 구입했는데 당연히 영국 제품으로 생각했으나 최근 다국적기업으로 변해 폴란드에서 제조한 것이었다. 레이디 그레이 홍차는 중국 홍차 베이스에 오렌지껍질 3%, 레몬껍질 3%, 감귤류 향 2%를 첨가한 것으로 넓은 의미에서 얼그레이 홍차로 취급한다.

트와이닝(Twinings)사의 레이디 그레이를 영국산 콜크로우(Colclough)의 크리놀린(Crinolin) 찻잔에 담았다.

### 일반적인 관능적 특징

외관은 잘게 자른 감귤 껍질이 보이고 향은 레몬과 감귤 향이 진하다. 찻물색은 진한 주홍색이고 향은 레몬과 감귤 향이 강하게 남아 있다. 맛은 합성향을 100% 사용한 다른 제품보다는 자연스럽고 마시는 도중 향도 다소 감소하는 느낌이다. 엽저에도 향이 남아 있다.

**레이디 그레이 홍차의 향기 Top 10**

| 순위 | 화합물 | 함량(peak %) | 향기 묘사 |
|---|---|---|---|
| 1 | 리나롤 | 25.84 | 은방울꽃 향, 감귤류 향 |
| 2 | 리모넨 | 21.72 | 감귤류 향 |
| 3 | 캄퍼 | 10.06 | 장뇌 향 |
| 4 | 리나릴 아세테이트 | 9.52 | 과일 향 |
| 5 | 제라닐 아세테이트 | 3.05 | 과일과 꽃 향 |
| 6 | 미르센 | 1.93 | 정향 향 |
| 7 | 제라니올 | 1.74 | 장미꽃 향 |
| 8 | 네릴 아세테이트 | 1.61 | 꽃 향 |
| 9 | 오시멘 | 1.32 | 꽃과 풀 향 |
| 10 | 카르본 | 1.31 | 스피아민트 향 |

### 분석 결과로 본 향기의 조합

리나롤은 레이디 그레이에서도 제일 함량이 많았지만 베르가못 합성향을 첨가한 다른 얼그레이류들보다는 다소 적은 함량을 포함하고 있었다. 리모넨은 본래 특정한 홍차류에만 들어 있으나 감귤류 향기 성분으로 압도적으로 많은 함량이 들어 있었다. 이것은 레이디 그레이에 감귤류 껍질을 넣었기 때문에 나타나는 결과로 생각된다. 이 차가 관능적으로 감귤류 향이 강하게 나고 신선한 감이 드는 것은 리나롤, 리모넨뿐 아니라 분석한 얼그레이류 중 이 차에만 있는 스피아민트 향이 나는 카르본 때문인 것 같았다.

### 크리놀린 디자인 이야기

크리놀린(crinolin)은 여자들의 단이 넓게 퍼지는 커다란 스커트를 볼록하게 보이기 위해 안에 입던 속치마를 말하며 1840~1860년대에 유행했다.

영국의 크리놀린 티포트 세트(올드)와 찻잔 세트(Colclough, 1950~1970년산)

## 스리랑카 재스민 홍차

**| 재스민 홍차 |** 스리랑카 블루필드(Bluefield)사의 이 홍차는 실론산 홍차를 베이스로 하여 자연산 꽃과 꽃봉오리를 첨가한 것이다. 합성향을 첨가한 것에 비해 고품질이다.

스리랑카 블루필드사의 자연산 재스민꽃이 함유된 홍차를 앤슬리 찻잔에 담아 보았다.

### 일반적인 관능적 특징

외관은 건조된 흰색 재스민꽃이 활짝 핀 채 혹은 꽃봉오리째 예쁘게 들어 있고 재스민꽃 향이 기분 좋게 난다. 찻물색은 투명하고 연한 주홍색을 띤다. 향은 재스민꽃 향이 강하고 시간이 지나도 지속적으로 남아 있다. 떫은맛이 좀 있지만 입안에 향이 남아 있어 맛있다는 느낌을 받는다.

**재스민 홍차의 향기 Top 10**

| 순위 | 화합물 | 함량(peak %) | 향기 묘사 |
|---|---|---|---|
| 1 | 리나롤 | 32.79 | 은방울꽃 향, 감귤류 향 |
| 2 | 벤즈 아세테이트 | 8.41 | 꽃 향 |
| 3 | 유제놀 | 8.24 | 스파이스 |
| 4 | 시스-재스몬 | 7.88 | 재스민꽃 향 |
| 5 | 벤질 알코올 | 7.70 | 꽃 향 |

| 6 | 시스-3-헥세닐 벤조에이트 | 4.30 | 풀 향 |
|---|---|---|---|
| 7 | 시스-3-헥세놀 | 2.80 | 풀 향 |
| 8 | 파르네솔 | 1.88 | 꽃 향 |
| 9 | 벤즈알데히드 | 1.80 | 아몬드 향 |
| 10 | 베타-시클로시트랄 | 1.69 | 민트 향 |

### 분석 결과로 본 향기의 조합

리나롤은 본래 홍차류에도 많고 재스민꽃에도 많을 것으로 예상되었는데 분석 결과 실제로 많은 함량이 포함되어 있었다. 시스-재스몬은 글자 그대로 재스민꽃 향을 대표하는 화합물 중 하나이고 꽃 향인 벤즈 아세테이트와 파르네솔은 홍차류에서는 동정되지 않는 재스민 고유의 향이다. 꽃 향과 거리가 있지만 스파이스 향을 띠는 유제놀도 많아 홍차와는 다른 재스민 가향차의 특징을 나타냈다.

## 스리랑카의 블루필드 티 팩토리 이야기

1921년 누와라엘리야 지역에 설립된 다원이다. 스리랑카 여행에서 맥우드 티 팩토리(Mackwoods Tea factory)로 가는 길에 지붕이 파란색인 블루필드 차공장에 들렀는데 스토어에는 의외로 자연산 가향차가 많았다. 점원이 가향차는 거의 자연산 소재를 사용한다고 설명했지만 반신반의하면서 구매했는데 한국에 와서 마셔보니 너무 좋은 가향홍차여서 대단히 만족했다.

블루필드 티 팩토리 건물

# 프랑스 마리아주 프레르의 마르코 폴로 홍차

**| 마르코 폴로 홍차 |** 프랑스의 마리아주 프레르(Mariage Freres)의 가향차인 마르코 폴로(Marco polo)는 오늘날 마리아주 프레르의 대표 베스트셀러 중 하나다. 중국 홍차에 티베트의 꽃과 베리 계열의 과일 향을 첨가했다.

프랑스 마리아주 프레르사의 마르코 폴로 홍차를 프랑스산 앙리오 캥페르(Henriot Quimper)사 찻잔(1968~1983년산)에 담았다. 이 회사는 1690년 설립되어 지금까지도 100% 핸드페인팅 작업을 고수하는 프랑스 최고 도자기 회사다. 찻잔에는 브로타뉴 지방의 민속의상을 입은 남녀가 그려져 있다. 홍차를 담은 찻잔에 민속의상이 보이지 않아 핀디시(Pin Dish)를 소개한다. 핀디시는 작은 접시를 말하는데 최근에는 캔디나 초콜릿을 담는 용도로도 사용된다.

프랑스산 앙리오 캥페르 찻잔과 핀디시

## 일반적인 관능적 특징

외관은 암녹색이고 골든 팁도 있다. 균일한 형태이나 길고 작으며 향은 과일 향과 코코아 향이 난다. 찻물색은 연한 주황색이며 향기는 건조차와 비슷하나 건조차보다 약하다. 맛은 향보다 좋다는 생각이 들지 않는다. 우린 찻물은 코코아 향이 꽃 향보다 더 강하다.

**마르코 폴로 홍차의 향기 Top 10**

| 순위 | 화합물 | 함량(peak %) | 향기 묘사 |
|---|---|---|---|
| 1 | 메틸 벤질 아세테이트 | 28.26 | 꽃 향 |
| 2 | 2-페닐에탄올 | 10.00 | 장미꽃 향 |
| 3 | 벤질 알코올 | 4.73 | 꽃 향 |
| 4 | 페닐 에칠 아세테이트 | 4.07 | 장미꽃 향, 과일 향 |
| 5 | 벤즈알데히드 | 3.87 | 아몬드 향 |
| 6 | 메틸 시나메이트 | 3.58 | 계피 향 |
| 7 | 시스-3-헥세놀 | 3.41 | 풀 향 |
| 8 | 리나롤 | 2.88 | 은방울꽃 향, 감귤류 향 |
| 9 | 옥타락톤 | 2.38 | 코코넛 |
| 10 | 벤질 아세테이트 | 2.35 | 재스민꽃 향, 과일 향 |

## 분석 결과로 본 향기의 조합

얼그레이 홍차처럼 전반적으로 홍차 고유의 향은 종류도 함량도 적었다. 향기 Top 10 중 6개 화합물이 꽃에 의해 발현되었다. 그래도 꽃 향보다 코코아 향이 강하다고 느끼는 것은 톱 아홉 번째인 옥타락톤 때문인 것 같았다. 함량이 적어도 냄새가 강한 것이 있는데 이를 역치(threshold)가 낮다고 표현한다. 옥타락톤은 역치가 낮은 것 같았다.

### 차 브랜드 마리아주 프레르사 이야기

프랑스의 마리아주 프레르는 1854년 차와 세계의 향신료·식료품을 취급하는 회사로 설립되었다. 많은 나라에서 차를 수입하여 판매한다. 구태의연한 차 브랜드에서 새로운 브랜드로 재탄생하게 된 계기가 있다. 1982년 네덜란드계 독일인 리처드 부에노(Richard Bueno)와 키티 차 상마니(Kitti Cha Sangmanee)라는 태국 출신 젊은이가 마리아주 프레르를 찾았고, 이들이 젊은이다운 발상으로 지금까지 존재하지 않았던 가향차를 개발하고 스토리텔링을 만들어 사람들을 끌어들였다. 가향되지 않은 차류들이 3배나 많지만 꽃 향, 과일 향, 달콤한 향, 스파이스 향을 첨가해 젊은 층의 취향에 맞게 만든다. 1984년 크리스마스를 기념해 시나몬, 바닐라, 정향과 오렌지 맛이 나는 노엘(Esprit de Noel)을 출시했고 두 번째 작품이 마르코 폴로다. 중국 홍차에 티베트의 꽃과 베리 계열 과일 향을 첨가했다.(https://www.mariagefreres.com/UK/welcome.html)

## 중국 윈난 장미 가향(긴압) 홍차

| **장미 가향**(긴압) **홍차** | 한 대학교의 창업 관련 사업으로 윈난에서 손질하여 국내에서 보이 병차 모양으로 만들어 판매한 것을 입수했다.

건조 장미 첨가 보이 병차 형태로 눌러서 긴압(緊壓)한 홍차를 체코슬로바키아산(Acro China, 1930년) 찻잔에 담았다. 체코 도자기 문화는 독일 도자기 문화와 함께 꽃피웠던 역사가 있다.

### 일반적인 관능적 특징

외관 형태는 건조한 장미가 혼합된 보이차 형태의 둥근 모양이다. 꽃차이지만 건조차는 향이 그리 강하지 않다. 찻물색은 주홍색이고 향은 장미 향이 나지만 강하지는 않다. 맛 또한 밋밋하다. 엽저에서도 처음에는 풋풋한 향이 느껴지나 시간이 좀 지나면 장미 향과 단 향이 난다.

**장미 가향 중국 긴압 홍차의 향기 Top 10**

| 순위 | 화합물 | 함량(peak %) | 향기 묘사 |
|---|---|---|---|
| 1 | 리나롤 | 16.36 | 은방울꽃 향, 감귤류 향 |
| 2 | 리나롤 옥사이드 II | 9.27 | 달콤한 향, 꽃 향 |
| 3 | 리나롤 옥사이드 I | 4.73 | 달콤한 향, 꽃 향 |
| 4 | 리나롤 옥사이드 IV | 4.65 | 달콤한 향, 꽃 향 |
| 5 | 리나롤 옥사이드 III | 4.23 | 달콤한 향, 꽃 향 |
| 6 | 제라니올 | 3.53 | 장미꽃 향 |
| 7 | 트랜스-2-헥세날 | 3.43 | 풋풋한 향, 사과 향 |
| 8 | 2-페닐에탄올 | 2.88 | 장미꽃 향 |
| 9 | 벤즈알데히드 | 2.62 | 아몬드 향 |
| 10 | 헥사날 | 2.20 | 풋풋한 향 |

### 분석 결과로 본 향기의 조합

윈난 홍차는 향기 성분의 종류가 많지 않았다. 홍차류의 향기화합물로는 꽃 향이 중요한데 꽃을 첨가했는데도 꽃 향을 띠는 화합물이 많지 않은 이유는 홍차 원재료인 찻잎이 수확 시기가 늦은 까닭으로 생각되며, 꽃 향을 띠는 홍차를 제조하기 위해 건조된 꽃을 소량 첨가한 것으로 보인다. 발효도를 어느 정도 알 수 있는 리나롤 산화물인 리나롤 옥사이드류 함량은 국내산보다 현저하게 많이 들어 있었고 대만산보다 더 많았다. 시트로네롤은 장미 향을 띠는데 통상 홍차류의 장미 향으로 거의 동정되지 않으며 첨가한 건조 장미에서 유래한다. 홍차 발효 중 많이 생성되는 리나롤 옥사이드류는 네 종류 전부 Top 10 안에 있었다.

## 중국 정산소종 홍차

**| 정산소종 홍차 |** 정산소종(Lapsang Souchong)은 푸젠성이 주산지이며 차를 건조할 때 소나무를 태웠는데 그 연기가 착향되어 우연히 만들어진 것으로 유명하다. 그래서 세계 최초의 가향차라고도 한다. 떫은맛이 대체로 적고 강한 훈연 향이 나므로 취향에 따라 선택하면 된다.

영국 포트넘 앤 메이슨사의 정산소종 티백을 독일에서 생산된 드레스덴 찻잔(올드)에 담았다.

### 일반적인 관능적 특징

포트넘 앤 메이슨의 티백은 개봉하자마자 훈연 향(smoky)이 강하다. 찻물색은 주황색이며 향은 스모키 향이 너무 강하고 맛은 매캐하고 화한 느낌이 난다. 새롭게 분석해도 비슷할 것 같아 정산소종 Top 10은 직접 분석하지 않은 유일한 것으로 일본 유학 시 같은 연구실 출신인 가와가미 교수 책에서 발췌했다. 분석 시료는 푸젠성 우이산에서 생산한 것이다.

**정산소종의 향기 Top 10**

| 순위 | 화합물 | 함량(peak %) | 향기 묘사 |
|---|---|---|---|
| 1 | 4-테르피네올 | 17.96 | 라일락꽃 향 |
| 2 | 알파-테르피네올 | 15.94 | 라일락꽃 향, 백합꽃 향 |
| 3 | 롱기폴렌 | 4.04 | 나무 향 |
| 4 | 베타-테르피네올 | 3.00 | 나무 향 |
| 5 | 보르네올 | 2.87 | 장뇌 |
| 6 | 구아이아콜 | 2.63 | 강한 연기 |
| 7 | 캄퍼 | 2.60 | 장뇌 |
| 8 | 카리오필렌 | 2.29 | 스파이스 |
| 9 | 제라니올 | 1.56 | 장미 |
| 10 | 4-메틸 구아이아콜 | 1.49 | 연기 |

* 출처: 가와가미, 2000

### 분석 결과로 본 향기의 조합

홍차나 홍차를 베이스로 한 가향차라 할지라도 리나롤은 Top 10 안에 거의 다 포함되는데 정산소종에는 없었다. 정산소종 특품에는 훈연 향과 함께 용안(龍眼) 향이 난다고 하는데 용안 향이 있다는 것은 약간 달콤한 향이 난다는 것을 의미한다. Top 1과 2를 라일락꽃 향을 띠는 테르피네올이 차지하고 장미 향을 띠는 제라니올도 있어 고급 정산소종에서는 꽃 향이 난다고 하는 이유가 될 것 같았다. 그러나 역치가 낮은 구아이아콜과 4-메틸 구아이아콜 때문에 스모키한 냄새가 지배적으로 느껴진다. 그밖에 나무 향이나 장뇌 향도 훈연 향의 요인으로 작용하는 것 같았다.

### 드레스덴 찻잔 이야기

드레스덴은 독일 작센주 마이센과 가까운 도시로 독일의 피렌체라 불릴 만큼 아름다운 도시다. 1700년대부터 도자기 회사가 운영되어 마이센의 도자기를 판매하기도 하고 마이센과 비슷한 제품들을 제조하기도 했다. 드레스덴의 초기 백마크는 마이센과 유사한 쌍검 마크도 사용했는데 1886년 마이센이 그 마크를 사용하지 못하도록 소송을 내서 그 이후로는 D와 왕관 모양을 사용하거나 그 지역에서 생산되는 차도구에는 Dresden이라는 글자를 새기기도 했다. 드레스덴이라는 백마크를 한 찻잔이나 티포트는 화려하고 밝은색과 아름다운 디자인을 특징으로 한다.

올드 드레스덴 찻잔들

# 홍차 향기 Top 10에 나오는 향기화합물의 실체

홍차용 찻잎이 본래 가지고 있는 향기 성분은 많지 않지만 유념과 발효공정을 거치는 동안 향기 성분이 많이 생성된다. 산화효소를 중심으로 하는 효소반응에 따라 성분들이 연속적으로 산화되어 본래 찻잎에 있는 리나롤은 홍차로까지 가게 되지만 리나롤 옥사이드 같은 산화물이 많이 생성되며 녹차에 많은 장미꽃 향을 띠는 2-페닐에탄올은 역시 산화에 따라 히아신스꽃 향을 띠는 페닐아세트알데히드 같은 산화형 형태 화합물로 바뀌게 된다.

건조공정에서는 열풍에 휘발성이 높은 성분이 손실되기도 하지만 카르티노이드 분해로 생기는 이오논계 화합물 등도 많이 생성되어 차 품종에 따라 전체적으로 녹차보다 꽃향기 또는 과일 향을 더 많이 내게 된다. 효소적 반응과 화학적 반응이 순차적으로 진행되는 조건(전통적 방법)에서 만들어지는 순오소독스 홍차의 향기가 단시간에 만들어지는 CTC 홍차보다 향기가 좋은 편이다.

홍차 등급별로도 차이가 있는데 같은 나라의 홍차에서 케냐의 FOP는 CTC 홍차보다 장미꽃 향인 제라니올 함량 차이가 컸다. 지역별로도 향기 특징이 뚜렷했다. 스리랑카의 우바 홍차에서는 잎차형인 페코에는 제라니올이 없었으며 파쇄형 등급 세 종류는 민트 향이 나는 메틸살리실레이트가 Top 1로 나타나 관능적으로 우바 홍차가 민트 향이 난다는 것을 증명하게 되었다.

모든 시료를 유효기간 내에 있는 것으로 사용했지만 그중에서도 수확 시기가 빠른 것은 좋은 향을 냈으며 유효기간이 끝날 무렵의 차는 이취(off-flavor)를 생성하기도 했다. 가향차를 제외한 대부분 싱글 오리진만으로 분석한 나라별 세계의 홍차 36종류에 대하여 향기화합물 Top 10 중 홍차마다 많이 포함되어 있는 화합물을 차례대로 스무 종류 뽑아 표로 정리해 그 실체를 파악해보았다.

## 스리랑카 홍차류에서 향기화합물의 조성(전체 11개 홍차)

| 홍차의 수 | 화합물 | a | b | c | d | e | f | g | h | i | j | k |
|---|---|---|---|---|---|---|---|---|---|---|---|---|
| 11 | 리나롤 | 1 | 2 | 1 | 2 | 2 | 2 | 1 | 1 | 2 | 2 | 2 |
| 11 | 트랜스-2-헥세날 | 6 | 3 | 3 | 4 | 3 | 3 | 9 | 3 | 1 | 3 | 3 |
| 11 | 메틸살리실레이트 | 5 | 1 | 2 | 1 | 1 | 1 | 2 | 4 | 3 | 1 | 4 |
| 10 | 시스-3-헥세놀 | 3 | 7 | 4 | 7 | 6 | 8 | 3 | | 6 | 7 | 5 |
| 9 | 리나롤 옥사이드 II | 2 | 5 | 6 | 3 | 5 | 4 | 7 | 10 | | | 9 |
| 9 | 페닐아세트알데히드 | 10 | 4 | 4 | 5 | 4 | | 4 | 2 | | 5 | 1 |
| 9 | 베타-이오논 | | | 7 | 6 | 7 | 6 | 5 | 5 | 7 | 4 | 6 |
| 8 | 헥사날 | 8 | 8 | | | | 5 | 8 | 7 | 4 | 6 | 8 |
| 6 | 제라니올 | 4 | 9 | | 8 | 9 | 10 | 6 | | | | |
| 5 | 리나롤 옥사이드 I | 7 | 9 | 10 | 10 | | 9 | | | | | |

| 4 | 시스-2-헥세놀 | 9 | | | 7 | | | | | 8 | | 7 |
|---|---|---|---|---|---|---|---|---|---|---|---|---|
| 4 | 트랜스-2-헥세놀 | | 10 | 8 | | 10 | | | | | 10 | |
| 4 | 네롤리돌 | | | 9 | 9 | 8 | | | | | 8 | |
| 3 | 벤즈알데히드 | | | | | | 7 | 10 | 9 | | | |
| 2 | 캄퍼 | | | | | | | | 8 | 10 | | |
| 1 | 파르네센 | | 6 | | | | | | | | | |
| 1 | 2-페닐에탄올 | | | | | | | | | 5 | | |
| 1 | 2-메틸부타날 | | | | | | | | | 9 | | |
| 1 | 트랜스-베타-다마스케논 | | | | | | | | | | 9 | |
| 1 | 베타피넨 | | | | | | | | 6 | | | |
| 1 | 3-메틸부타날 | | | | | | | | | | | 10 |

* 뒤의 수치는 향기 Top 10 중 함량 순서

a: 누와라엘리야, b: 우바 FBOP, c: 우바 Pekoe, d: 우바 BOPsp, e: 우바 FFsp, f: 우바 OP,
g: 딤블라, h: 캔디 OP, I: 캔디 FBOP, j: 센클레어 FF, k: 센클레어 FBOP

리나롤, 트랜스-2-헥세날 및 메틸살리실레이트는 스리랑카의 11개 홍차에 모두 포함되어 있었고 그중 은방울꽃 향, 감귤류 향을 띠는 리나롤은 우바 페코, 딤블라와 캔디 OP 등급에서 Top 1위로 많은 함량을 포함하고 있었다. 풋풋한 향과 사과 향을 띠는 트랜스-2-헥세날은 캔디 FBOP에 가장 많았고 민트 향이 나는 메틸살리실레이트는 우바 FBOP, 우바 BOPsp, 우바 FFsp, 우바 OP와 센클레어 FF에 가장 많이 포함되어 있었다.

## 인도 홍차류에서 향기화합물의 조성(전체 5개 홍차)

| 홍차의 수 | 화합물 | 다즐링 첫물차 | 다즐링 두물차 | 다즐링 가을차 | 아쌈 | 닐기리 |
|---|---|---|---|---|---|---|
| 5 | 리나롤 | 2 | 3 | 1 | 1 | 1 |
| 5 | 리나롤 옥사이드 II | 3 | 1 | 3 | 7 | 8 |
| 5 | 메틸살리실레이트 | 4 | 5 | 4 | 2 | 3 |
| 4 | 제라니올 | 1 | 2 | 2 |  | 4 |
| 4 | 리나롤 옥사이드 I | 5 | 4 | 5 |  | 10 |
| 4 | 베타-이오논 |  | 8 | 10 | 9 | 7 |
| 4 | 시스-3-헥세놀 | 6 | 6 | 6 |  | 9 |
| 3 | 트랜스-2-헥세놀 | 8 | 7 | 7 |  |  |
| 2 | 페닐아세트알데히드 |  | 10 |  | 4 |  |
| 2 | 리나롤 옥사이드 IV | 9 |  | 8 |  |  |
| 2 | 트랜스-2-헥세날 |  |  |  | 3 | 7 |
| 2 | 헥사날 |  |  |  | 6 | 5 |
| 1 | 3,7-다이메틸-1,5,7-옥타트리엔-3-올 |  | 9 |  |  |  |
| 1 | 부칠-2-부탄디오에이트 |  |  |  |  | 2 |
| 1 | 벤즈알데히드 |  |  |  | 8 |  |
| 1 | 시스-재스몬 | 7 |  |  |  |  |
| 1 | 리모넨 |  |  |  | 5 |  |
| 1 | 네롤리돌 | 10 |  |  |  |  |
| 1 | 헥사노익산 |  |  | 9 |  |  |
| 1 | 3-메틸부타날 |  |  |  | 10 |  |

* 뒤의 수치는 향기 Top 10 중 함량 순서

리나롤, 리나롤 옥사이드 Ⅱ, 메틸살리실레이트는 인도의 다섯 개 홍차에 모두 포함되어 있고 리나롤은 다즐링 가을차, 아쌈과 닐기리에 가장 많은 함량을 보였다. 달콤한 향과 꽃 향을 띠는 리나롤 옥사이드 Ⅱ는 다즐링 두물차에 가장 많았고 장미 향을 띠는 제라니올은 아쌈에는 Top 10에 들지 않았고 다즐링 첫물차에 가장 많이 포함되어 있었다.

## 중국, 대만, 기타 국가의 홍차류에서 향기화합물의 조성

(전체 11개 홍차)

| 홍차의 수 | 화합물 | 기문 | 전홍 | 금준미 | 밀향 | 홍옥 | 대만 | 말레이시아 | 인도네시아 | 터키 | 케냐CTC | 케냐FOP |
|---|---|---|---|---|---|---|---|---|---|---|---|---|
| 11 | 리나롤 | 4 | 1 | 2 | 5 | 2 | 7 | 2 | 4 | 9 | 1 | 1 |
| 9 | 페닐아세트알데히드 | 3 | 6 | 7 | 1 | 4 | 3 | 8 | 8 | | | 6 |
| 9 | 트랜스-2-헥세날 | 5 | 8 | | 8 | | 1 | 1 | 1 | 1 | 4 | 7 |
| 9 | 메틸살리실레이트 | 8 | 7 | 6 | | 1 | 6 | 5 | 3 | | 3 | 2 |
| 9 | 리나롤 옥사이드 Ⅱ | 2 | 4 | 9 | 3 | 3 | 7 | | | | 8 | 3 |
| 8 | 제라니올 | 1 | 3 | 1 | | 10 | 9 | | | 3 | 10 | 4 |
| 8 | 리나롤 옥사이드 Ⅰ | 6 | 9 | | 4 | 5 | 4 | 6 | 9 | | | 5 |
| 6 | 베타-이오논 | 9 | | | | 6 | | 3 | 7 | 4 | 6 | |
| 6 | 헥사날 | | | 5 | | | 5 | 4 | 5 | | 5 | 8 |
| 5 | 리나롤 옥사이드 Ⅳ | 7 | 5 | | 7 | 9 | | | | | | 10 |
| 4 | 벤즈알데히드 | | | | 6 | | 2 | 9 | 10 | | | |

| | | | | | | | | | | | | |
|---|---|---|---|---|---|---|---|---|---|---|---|---|
| 3 | 2-페닐에탄올 | 10 | | 4 | 10 | | | | | | | |
| 2 | 시스-3-헥세놀 | | | 3 | | | | | | | | 9 |
| 2 | 데카노익산 | | | | | | | | | 2 | 2 | |
| 2 | 푸르푸랄 | | 10 | 10 | | | | | | | | |
| 1 | 릴리알 | | | | | | | | 2 | | | |
| 1 | 리나롤 옥사이드 III | | | | 9 | | | | | | | |
| 1 | 알파-이오논 | | | | | | | 10 | | | | |
| 1 | 알파-테르피네올 | | | | | 7 | | | | | | |
| 1 | 3,7-디메틸-1,5,7-옥타트리엔-3-올 | | | | 2 | | | | | | | |
| 1 | 리모넨 | | | | | | | 7 | | | | |
| 1 | 제라닉산 | | | 8 | | | | | | | | |
| 1 | 감마-카디넨 | | | | | | | | 6 | | | |
| 1 | 2-메톡시-3-메틸피라진 | | | | | 8 | | | | | | |
| 1 | 운데카노익산 | | | | | | | | | 5 | | |
| 1 | 트랜스,트랜스-2-헵타디엔날 | | | | | | | | | 6 | | |
| 1 | 제라닐 아세톤 | | | | | | | | | 7 | | |
| 1 | 3,5-옥타디엔-2-온 | | | | | | | | | 8 | | |
| 1 | 1-에칠-2-포밀피롤 | | 2 | | | | | | | | | |
| 1 | 펜칠퓨란 | | | | | | | | | 10 | | |
| | 운데칸온 | | | | | | | | | | 7 | |
| | 운데센 | | | | | | | | | | 9 | |
| | 2-메틸부타날 | | | | | | 10 | | | | | |

* 뒤의 수치는 향기 Top 10 중 함량 순서

## 국산과 일본 홍차류에서 향기화합물의 조성(전체 9개 홍차)

| 홍차의 수 | 화합물 | 오설록 4월 | 오설록 5월 | 보성 4월 | 보성 5월 | 몽중산 | 정읍 | 시즈오카 | 우레시노 | 오키나와 |
|---|---|---|---|---|---|---|---|---|---|---|
| 9 | 리나롤 | 5 | 5 | 3 | 5 | 6 | 7 | 8 | 6 | 2 |
| 9 | 리나롤 옥사이드 II | 6 | 10 | 5 | 8 | 9 | 5 | 3 | 9 | 8 |
| 9 | 트랜스-2-헥세날 | 3 | 2 | 4 | 2 | 3 | 1 | 2 | 1 | 5 |
| 9 | 헥사날 | 4 | 3 | 7 | 3 | 7 | 2 | 7 | 3 | 3 |
| 8 | 제라니올 | 1 | 4 | 1 | 4 | 4 | 4 | 1 | 2 | |
| 8 | 페닐아세트알데히드 | | 8 | 8 | 6 | 2 | 3 | 10 | 5 | 4 |
| 7 | 네롤리돌 | 2 | 1 | 2 | 1 | 1 | | | 7 | 1 |
| 5 | 메틸살리실레이트 | 9 | | 6 | 7 | | 6 | | | 10 |
| 5 | 벤즈알데히드 | 10 | | | | 9 | | 8 | 8 | 9 |
| 4 | 베타-이오논 | | 7 | | 9 | 5 | 8 | | | |
| 2 | 리나롤 옥사이드 I | | | | | 8 | | 6 | | |
| 2 | 벤질 알코올 | 8 | | | | | | | 10 | |
| 2 | 3-메틸부타날 | | | | | | 9 | | 4 | |
| 2 | 트랜스-2-헥세닐 헥사노에이트 | | 6 | 10 | | | | | | |
| 2 | 파르네센 | | 9 | | 9 | | | | | |
| 1 | 리나롤 옥사이드 IV | 7 | | | | | | | | |
| 1 | 베타-이오논-5,6-에폭사이드 | | | | 9 | | | | | |
| 1 | 3,7-다이메틸-1,5,7-옥타트리엔-3-올 | | | | | | | 4 | | |
| 1 | 2-메틸부타날 | | | | | | 10 | | | |
| 1 | 베타-오시멘 | | | | | | | 5 | | |

| | | | | | | | | | | | |
|---|---|---|---|---|---|---|---|---|---|---|---|
| 1 | 2-페닐에탄올 | | | | | | | | | | 7 |
| 1 | 노나날 | | | 9 | | | | | | | |

* 뒤의 수치는 향기 Top 10 중 함량 순서

## 세계의 홍차 36종류에 들어 있는 향기화합물의 조성 순서

| 홍차의 수 | 화합물 | 관능기별 분류 | 향기 묘사 |
|---|---|---|---|
| 36 | 리나롤(Linalool) | 테르펜 알코올 | 은방울꽃 향, 감귤류 향 |
| 32 | 트랜스-2-헥세날[(*E*)-2-Hexenal] | 지방족 알데히드 | 풋풋한 향, 사과 향 |
| 30 | 메틸살리실레이트(Methyl salicylate) | 페놀릭 화합물 | 민트 향 |
| 29 | 제라니올(Geraniol) | 테르펜 알코올 | 장미꽃 향 |
| 29 | 리나롤 옥사이드 II(Linalool oxide II) | 테르펜 알코올 | 달콤한 향, 꽃 향 |
| 28 | 페닐아세트알데히드(Phenylacetaldehyde) | 방향족 알데히드 | 히아신스꽃 향 |
| 25 | 헥사날(Hexanal) | 지방족 알데히드 | 풋풋한 향 |
| 23 | 베타-이오논(β-Ionone) | 이오논 유도체 | 꽃 향 |
| 19 | 리나롤 옥사이드 I(Linalool oxide I) | 테르펜 알코올 | 달콤한 향, 꽃 향 |
| 16 | 시스-3-헥세놀[(*Z*)-3-Hexenol] | 지방족 알코올 | 풋풋한 향 |
| 13 | 벤즈알데하이드(Benzaldehyde) | 방향족 알데히드 | 아몬드 향 |
| 12 | 네롤리돌(Nerolidol) | 테르펜 알코올 | 백합꽃, 사과, 나무 향 |
| 7 | 트랜스-2-헥세놀[(*E*)-2-Hexenol] | 지방족 알코올 | 풋풋한 향 |
| 7 | 리나롤 옥사이드 IV(Linalool oxide IV) | 테르펜 알코올 | 달콤한 향, 꽃 향 |
| 5 | 2-페닐에탄올(2-Phenyl ethanol) | 방향족 알코올 | 장미꽃 향 |
| 4 | 시스-2-헥세놀[(*Z*)-2-Hexenol] | 지방족 알코올 | 풋풋한 향 |
| 4 | 3-메틸부타날(3-Methyl butanal) | 지방족 알데히드 | 달콤한 향 |

| 3 | 파르네센(Farnesene) | 테르펜 탄화수소 | 나무 향, 풋풋한 향 |
|---|---|---|---|
| 3 | 2-메틸부타날(2-Methyl butanal) | 지방족 알데히드 | 달콤한 향 |
| 3 | 3,7-다이메틸-1,5,7-옥타트리엔-3-올<br>(3,7-Dimethyl-1,5,7-octatrien-3-ol) | 테르펜 알코올 | 백포도주 향 |

**리나롤이 향기 Top 1인 홍차류**

누와라엘리야, 우바 페코, 딤블라, 캔디 OP, 다즐링 Autmunal, 아쌈, 닐기리, 중국 전홍, 케냐 CTC, 케냐 FOP

**제라니올이 향기 Top 1인 홍차류**

다즐링 첫물차, 기문 홍차, 금준미, 오설록 4월, 보성 제다 4월, 시즈오카

**메틸살리실레이트가 향기 Top 1인 홍차류**

우바 FBOP, 우바 BOPsp, 우바 FFsp, 우바 OP, 센클레어 FF, 대만의 홍옥

**트랜스-2-헥세날이 향기 Top 1인 홍차류**

캔디 FBOP, 대만 일반 홍차, 말레이시아, 인도네시아, 터키, 정읍, 우레시노

**네롤리돌이 향기 Top 1인 홍차류**

오설록 5월, 보성 5월, 몽중산, 오키나와

### 페닐아세트알데히드가 향기 Top 1인 홍차류

센클레어 FBOP, 대만의 밀향

### 리나롤 옥사이드 II가 향기 Top 1인 홍차류

다즐링 두물차

# PART 2
# 홍차 관련 정보 나누기

PART 1에서 세계의 여러 홍차류에 대해 그동안 차의 성분 분석과 기능성 연구에서 가장 많은 시간을 할애했던 향기 영역에 대한 분석 자료들을 종합적으로 비교·검토함으로써 차의 향기 성분의 실체를 어느 정도 파악하게 되었다. 차류 중에서 많은 나라 사람이 가장 사랑하고 많이 소비하는 것이 홍차다. 그런데 홍차 종류가 너무 다양하다보니 모든 시료를 다 분석하지 못하기 때문에 PART 2에서는 PART 1에서 취급하지 않은 다양한 홍차 종류를 소개하고 차도구들에 대해서도 언급한다.

이곳에 소개하는 차류와 차도구들은 직접 소유하고 있는 것을 중심으로 하며, 차도구는 부수적으로 박물관에서 직접 본 것들도 언급한다. 많은 나라를 다니면서 접한 티푸드와 티룸도 일부 소개한다. 방문한 티룸 중 사진을 찍지 못해 내놓지 못하는 곳도 있고 폐업한 곳도 있다. 차와 차도구에 대해 지식이 많으며 차도구를 많이 소유한 독자들도 있을 테고 처음 접하는 독자들도 있을 것이다. 차류에 대해서도 홍차뿐 아니라 다른 차류에 대해 궁금한 독자들을 위해 홍차, 오룡차, 녹차의 차이점을 간략히 요약했다. 차류에 관해 더 많은 정보를 원하는 분은 한국차학회지 같은 차학술지나 전문서적들을 참고하기 바란다.

# 다양한 홍차와 찻잔 소개

## 잎차류의 등급별 홍차들과 찻잔

여기에서 등급의 의미는 홍차 품질의 좋고 나쁨이 아니라 찻잎 형상을 구별하고 파악해 특징에 맞추어 잘 우려 마시기 위한 것이다.

**| 홍차 |** 인도 칸첸중가 산기슭인 버미옥(Bermiok) 마을에서 재배한 시킴(Sikkim) 유기농 첫물차다. 친구가 현지에서 구입한 것으로 외관은 찻잎이 균일하지 않으나 대체로 크기가 크고 골든 팁이 많으며 거칠다. 찻물색은 녹차처럼 맑으면서 신선하고 향기로운 향미가 있다.

**| 찻잔 |** 영국 로열 첼시(Royal Chelsea)사의 모스(moss, 이끼)장미로 찻잔이 특색이 있다. 사진에서 차 꽃은 하동에서 따온 것이다.

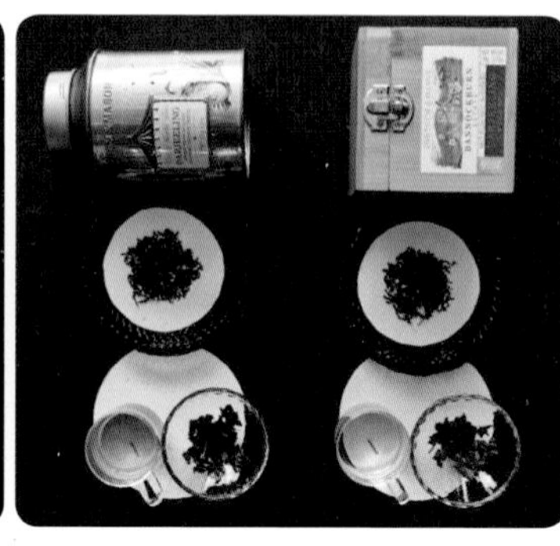

포트넘 앤 메이슨의 다즐링 첫물차라도 제품에 따라 향미색이 다르다.

| **홍차** | 포트넘 앤 메이슨(Fortnum&Mason)의 다즐링 첫물차(FTGFOP1)는 인도 배넉번(BANNOCKBURN) 다원에서 생산된 것으로 영국 런던의 포트넘 앤 메이슨 매장에서 구입했다. 아쉽게도 서울 신세계에 있는 포트넘 앤 메이슨 매장에는 이 제품이 들어오지 않았다. 외관 형태는 가늘고 실버 팁이 보이는 녹갈색이며 건조차에서 장미 향이 난다. 우린 찻물색은 황색이며 장미 향이 나고 조금 떫다.

| **찻잔** | 영국 캔싱턴궁의 오랑제리(Orangery) 티룸을 방문했을 때 티룸에서 사용하는 것과 같은 영국 왕실 찻잔인 로열 팰리스를 궁 안 매점에서 구입한 것을 사용했다.

| **홍차** | 인도 정파나 다원의 다즐링 두물차는 친구가 현지에 가서 직접 구입해온 것이다. 찻물색은 등황색으로 맑고 향기는 장미와 백포도주 향을 내며 산뜻하고 맛은 덖음차와 닮았다.

| **찻잔** | 코츠월드(Cotswold)라는 이름의 찻잔이다. 왼쪽은 로열앨버트(1940년산)이고 오른쪽은 로열 크라

운 더비(1921~1965년산)다.

| 홍차 | 일본 루피시아의 인도산 아쌈인데 차 이름은 딕삼(DIKSAM)이라고 되어 있다. 외관 형태는 크기가 작고 흑갈색이며 향은 달콤하다. 찻물색은 적홍색이며 풀 향과 단 향이 있다. 민트 향도 난다. 맛은 달고 색깔에 비해 떫은맛이 적은 편이다. 포장에 홍차의 스탠더드라고 적혀 있다.

| 찻잔 | 찻잔과 포트가 일체형으로 있는 영국 앤슬리사의 티 포원(Tea pot and cup together, 코티지 가든)이다.

## 골든 팁과 실버 팁 이야기

스리랑카에서 만들어지는 골든 팁(Golden tip)과 실버 팁(Silver tip)으로만 각각 만들어지는 차는 품종 자체가 다른 것이다. 골든 팁 차는 특별한 품종의 차나무에서 어

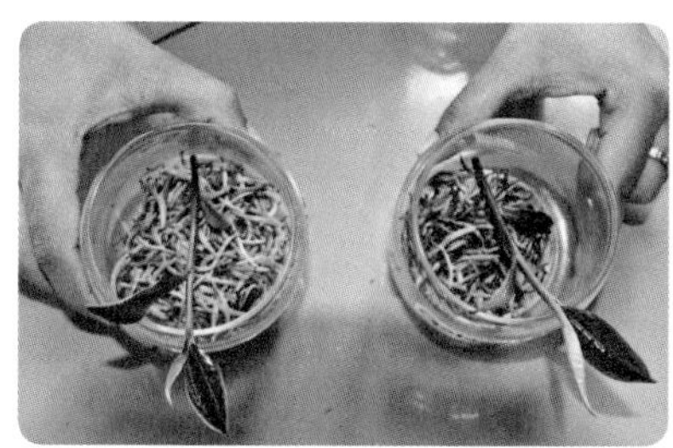

스리랑카 다원의 골든 팁(우)과 실버 팁(좌)

골든 팁과 실버 팁의 실론 홍차

린 잎을 따서 건조시키면 꿀을 코팅한 것처럼 황금색으로 바뀌는데 꽃 향이 난다. 실버 팁 차도 특별한 품종이 있고 건조시키면 실버 색으로 되면서 꽃 향이 난다. 스리랑카에서 이 차류들은 가격이 비싼데 상품(上品)은 깨끗하고 하품(下品)은 군데군데 검게 산화되어 있었다.

**| 홍차 |** 스리랑카 우바의 티토크는 OP로 만든 홍차로 기문에서 나는 향이 있다. 찻물색은 주홍색이며 약간 떫은맛이 난다. 이국적인 향은 위조 시 원숙한 향이 생성되기 때문이다.(www.teatalk.lk)

**| 찻잔 |** 영국 로열 베일(Royal Vale)사 찻잔이며 카네이션 그림이 있다.

**| 홍차 |** 스리랑카산 블루필드의 OPA(Orange Pekoe A) 홍차는 제조공정 프로그램에 따라 분쇄되는 공정에서 나오는 것으로 잎이 가장 큰 홍차다. 찻물색은 대단히 밝다.

**| 찻잔 |** 스웨덴의 로스트란드(Rorstrand) 중 페르골라(Pergola)에 담았다. 로스트란드는 1726년 스웨덴 황실 납품회사로 설립되었다. 노벨상 시상식 만찬에도 사용되는 브랜드다. 최근 백화점에서

구입한 인도네시아산 페르골라 홍차잔은 앤티크는 아니며 담쟁이덩굴을 형상화한 페르골라는 스웨덴의 풍요를 상징한다.(http://www.rorstrand.com)

| **홍차** | 스리랑카산 딜마(Dilma)의 둠바가스탈라와(Dombagastalawa)의 FBOP다. 외관의 색은 초록빛이 살짝 난다. 찻물색은 주황색이고 달콤하며 향긋한 향이 나고 뒷맛이 오래 간다. 엽저에도 초록빛이 돈다.(www.teatireiocks.com)

| **찻잔** | 네덜란드의 델프트(Delft)는 평소에 관심을 덜 가졌는데 도자기에 관한 전문서적을 읽은 후 델프트를 모르고는 블루를 논해서는 안 된다는 것을 알았다. 1602년 네덜란드는 영국에 이어 동인도회사를 만들었고 중국 취향인 시누아즈리(Chinoiserie)를 받아들였다. 델프트 도공들은 코발트 블루 색감을 만들어 중국의 청화백자를 모방하게 되었고 1620년경 유럽 최초의 도기인 델프트 블루가 생산되었는데 이것은 그 유명한 독일 마이센의 츠비벨 무스터(Zwiebelmuster)보다 더 빠른 것이다.

| **홍차** | 실론차인 딤블라(Dimbula)의 다이버시티(Diversitea) BOP 외관은 입자가 균일하게 파쇄되어 있고 찻물색은 예쁜 주홍색이며 단 향과 꽃 향이 나고 풀 향도 난다. 끈적끈적한 맛이 있고 엽저에도 약하게 단맛이 있다. 포장에는 신선하고 원숙한 맛이 난다고 되어 있다. 스리랑카의 티보드(Tea Board, 차산업을 관리하는 국가기관)에서 인정받았으며 회사는 콜롬보에 있다.(www.

pureceylontea.com)

| **찻잔** | 영국 크라운 트렌트(Crown Trent)사의 무궁화무늬가 있는 파인 본차이나(Fine Bone China)에 담았다.

| **홍차** | 실론차인 캔디의 카두간나와 BOP 외관은 일정한 상태로 잘 파쇄되어 있고 찻물색은 주홍색이며 풀 향과 단 향이 나지만 향은 약한 편이다. 떫은맛이 적고 구수한 맛도 있다. 엽저에서도 단 향이 난다.

| **찻잔** | 영국의 올드 앤슬리(1905~1925년산) 트리오(Trio)에 담았다.

| **홍차** | 스리랑카 캔디의 카두간나와의 미세하게 브로큰(broken)된 홍차이며 다른 상품을 구입할 때 선물로 받았다. 꽃 향은 없고 찻물색은 주홍색으로 곱다.

| **찻잔** | 오스트리아산으로 광택이 있는 러스트 찻잔(1890년대산)에 담았다.

스리랑카 라부켈리(LABOOKKELLIE) 다원의 관능검사실

**| 홍차 |** 스리랑카 루후나(Ruhuna) 지역에서 생산되는 믈레즈나(mlesna)사 BOP다. 믈레즈나는 1983년 설립된 스리랑카의 가장 대표적인 홍차회사로 우바, 딤블라, 누와라엘리야 등 다양한 가향차를 생산한다.

**| 찻잔 |** 영국의 폴리(Foly) 찻잔에 담았다.

## 잎차류 가향 홍차들과 찻잔

**| 홍차 |** 일본산 루피시아의 그랜드 클래식(grand classic) 얼그레이는 홍차, 반발효차, 건조 용안과 얼그레이의 향료가 들어간 것으로 이 재료의 원산지는 인도, 중국, 베트남이다. 처음 얼그레이가 만들어졌을 때는 베르가못이 아니고 중국산 용안이 사용되었다는 설이 있다. 그레이 백작이 빠졌던 얼그레이의 기본이 되는 명차를 재현했다고 하여 클래식이라는 이름이 붙었다.

| **찻잔** | 북아일랜드 명품 브랜드인 벨릭(Belleek)에 담았다. 벨릭사는 1857년 창립된 회사다. 제품은 얇고 가볍지만 견고하다. 조개와 닮은 조개 모양 찻잔이 유명하며 아일랜드 국화인 샴록(shamrock, 토끼풀)을 그린 차도구도 많이 이용된다. 얼그레이를 담은 흰색 찻잔은 1955년대에 생산된 것으로 초록 마크가 있다. 세팅에 이용한 샴록 트리오는 1982~1992년에 생산된 골드마크이고 티포트는 2000년대에 생산된 것으로 검은색 마크다.(www.belleekpottery)

| **홍차** | TWG의 프렌치 얼그레이는 블루의 수레국화(corn flower, 피부를 진정시키는 기능성이 있다)가 혼합되어 있는 얼그레이의 일종인데 영국의 해러즈(Harrods) 백화점 식품부에서 구입했다. 건조차는 꽃 향이 진하게 나지만 자연스러운 향이 나는 것 같아 크게 거부감이 없다. 찻물색은 연한 주황색이며 맛은 시큼해서 향보다는 못하다는 생각이 든다.

| **찻잔** | 영국 헤머슬리사의 콘플라워(1912~1939년산) 찻잔이다.

| **홍차** | 프랑스 브랜드인 니나스의 마리 앙투아네트(NINA'S Marie-Antoinette)라는 이름의 가향 홍차다. 실론차와 장미꽃이 혼합되어 있으며 사과와 장미꽃 향이 착향되어 있다. 인위적인 향이 너무 강하다.

| **찻잔** | 같은 홍차인데 잔 높이와 폭에 따라 색깔이 달라 보인다. 왼쪽의 잔은 1927~1935년에

생산된 올드 잉글리시 로즈 헤비골드(old English rose heavy gold)이고 오른편은 1945~1960년에 생산된 올드 잉글리시 로즈다.

| **홍차** | TWG 그랜드웨딩 홍차에는 열대과일과 해바라기꽃이 혼합되어 있다. 외관은 찻잎이 다소 크고 흑녹색을 띠며 향은 새콤하다. 찻물색은 등황색이고 향은 과일 향과 단 향이 있다. 가향차 중에는 자연스럽게 어우러지는 느낌이 난다.

| **찻잔** | 영국산 파라곤(Paragon)사의 로즈 찻잔에 찻잔받침은 영국산 쉘리(Shelley)다. 이런 것을 믹스매치(Mix match)라고 한다. 셀러도 모르고 팔았다고 했지만 어울리기 때문에 괜찮았다.

| **홍차** | 태국산 재스민 홍차인 란나(Lanna) 티의 검은색 캔에는 태국 왕실 도자기인 벤자롱이 그려져 있고 민화도 있다. 태국 치앙마이의 란나사(Lanna Tea Co., Ltd.)에서 생산되는데 이곳은 공기가 맑고 기후가 서늘한 산악지대여서 차경작지로 좋다. 화학비료를 사용하지 않은 고품질 차를 생산하며 손으로 수확해 전통적인 가공을 한 후 진공포장을 한다. 순수한 홍차를 입수하지 못

해 재스민 홍차를 구입했는데 끓인 물을 조금 식혀서 237ml의 물에 3~5분 우리라고 되어 있다.

건조차는 둥글게 말려 있고 재스민 향은 나지 않는다. 찻물색은 오룡차에 가까운 황색이고 건조차에서처럼 재스민 향이라기보다 달콤한 과일 향이 나며 맛은 부드럽다.

**| 찻잔 |** 태국 센트럴 엠버시몰에서 구입한 황실 포셀린인 벤자롱 찻잔에 담았다.

**| 홍차 |** 프랑스산 마리아주 프레르의 패리스긴자(Paris-Ginza)로 레드 프루츠와 캐러멜 향이 강한 가향 홍차다. 건조한 딸기 칩이 보이며 차의 색은 흑갈색인데 줄기도 보이고 불균일하다.

**| 찻잔 |** 영국산 콜포트(Corlport) 찻잔에 담았다.

**| 홍차 |** 캐나다의 데이비드(David)사는 기능성 블렌딩으로 유명하다. 이 차는 겨울용 차로 12개 들어 있는데 그중 홍차 베이스가 5개였다. 골드 스타 모양 입자가 첨가된 달콤한 스파이스 홍차인데 우리니 찻물색은 주황색으로 되고 계피 향이 강했다.

| **찻잔** | 로젠탈 베르사체(Rosenthal VERSACE)다. 국내에서는 빨간색이 많이 보였다. 독일의 로젠탈이 이탈리아의 베르사체와 1993년 컬래버레이션했다. 그중에서도 색이 화려한 프리마베라(Primavera, 봄이라는 뜻)다. 메두사 얼굴이 로고로 있고 24K 금장이 반짝인다. 날개 모양 손잡이가 있으며 전체적으로 촉감이 좋다.

| **홍차** | 쿠스미(Kusumi) 홍차 중 제정러시아의 마지막 공주 이름인 아나스타샤(Anastasia) 홍차는 시트러스한 향을 첨가한 가향차다. 쿠스미는 프랑스 브랜드이지만 1867년 러시아에서 창업했으며 창업자 이름에서 회사 이름이 정해졌다. 쿠스미 브랜드에는 가향차가 많으며 몸에 좋은 디톡스(Detox)차도 많이 출시되는데 전부 녹차가 베이스다.

| **찻잔** | 터키의 돌마바흐체(Dolmabahce)궁전 선물 가게에서 구입한 작은 찻잔에 담았다.

| **홍차** | 최근에는 터키공항에 싱글 오리진 홍차는 함량이 큰 단위만 있었다. 함량이 작은 것으로는 얼그레이와 정향(Clove)이 첨가된 가향차가 있었다. 정향 홍차를 구입해 마셨는데 가향이 자연스러워 마시기 좋았다.

| **찻잔** | 터키의 돌마바흐체궁전 선물가게에서 구입

했는데 금속 손잡이를 떼내면 터키 전통의 유리찻잔 모양으로 변한다.

## 잎차류의 블렌디드 홍차들과 찻잔

| **홍차** | 찻잎끼리 블렌딩한 홍차를 블렌디드(Blended) 홍차라고 한다. 영국 해러즈(Harrods)의 No. 49는 1849년 문을 연 해러즈 150주년을 기념하는 해에 생산되었다. 다즐링, 아쌈, 닐기리, 시킴, 캉그라의 인도산 찻잎만으로 블렌딩한 홍차다. 건조차에서는 구수한 향과 살짝 달콤한 향이 올라온다. 찻물색은 주홍색으로 아름다우나 다즐링이 들어 있다기에 장미 향이 있을까 싶어 열심히 맡아보았으나 별로 나지 않았다. 맛은 싫증내지 않고 잘 마실 수 있겠다는 느낌이 든다.

| **찻잔** | 올드 헤머슬리의 백마크가 있고 장미 그림이 그려진 것을 사용했다.

| **홍차** | 스티븐 스미스(STEVEN SMITH)의 No. 18 BRAHMIN은 인도산 몰트 향의 아쌈, 무난한 향미의 딤블라, 꽃 향의 우바 홍차, 달콤하고 스모키한 중국산 기문 홍차를 블렌딩한 홍차다. 외관은 골든 팁도 보이고 차갈색이며 찻물색은 진한 주황색이다. 달콤한 향

은 있으나 네 가지 차를 혼합한 것이라 개성이 부족한 느낌이다. 스티븐 스미스 티메이커(STEVEN SMITH teamaker)는 미국 브랜드이며 STASH, TAZO에 이어 세 번째 출시작이다.

**| 찻잔 |** 검은색 찻잔은 영국산 투스칸(Tuscan, 1920년대산)인데 차이나 실루엣으로 중국 풍경이 그려져 있다. 초록색 잔 역시 같은 시대의 투스칸 차이나 실루엣으로 골드와 그린 컬러가 배합되어 있다. 초록색 잔 그림은 정자에서 담소하는 모습, 뱃놀이하는 모습, 낚시하는 모습이다.

## 차도구의 풍조 이야기

시누아즈리(Chinoiserie, 중국풍 선호)는 18세기 프랑스 상류사회에서 유행한 중국풍이고 자포니즘(Japonism, 일본풍 선호)은 19세기 중후반 유럽에서 유행한 일본풍을 지칭한다. 왕래가 어려워 쉽게 교류하지 못하던 시절 유럽인들은 오리엔탈에 대해 환상이 있었던 것 같다. 의상, 그림, 공예품뿐 아니라 도자기에서도 동양적인 것을 선호했다.

좌: 영국의 손잡이가 없는 티볼(로열 우스터사, 1780년산)과 독일의 마이센(오른편), 우: 시누아즈리풍 찻잔들. 시계방향으로 로열앨버트(크라운 차이나 1927~1935년산), 웨지우드(1891~1926년산), 민튼사(1920년대산을 재현한 것으로 예상)

처음 차가 전해진 네덜란드에서는 차를 마실 때(17세기) 중국 찻잔처럼 손잡이가 없는 작은 찻잔(Tea bowl, 티볼)과 찻잔받침을 새롭게 만들었으나 지금의 형태가 아니고 깊이가 있는 형태로 만들었다. 손잡이가 없어 뜨거운 차를 찻잔받침에 따라 식혀 마셨다고 한다. 이 풍습이 프랑스, 독일, 오스트리아, 러시아, 영국까지 전해졌다. 17세기 말이 되어서야 찻잔에 손잡이가 생겼다. 17~19세기 초까지는 중국풍을 선호하여 찻잔에 중국풍 그림을 많이 사용했고 19세기 중후반에는 일본풍이 유행했다.

자포니즘풍 찻잔(투스칸 1947~1950년 April beauty)

**| 홍차 |** 스티븐 스미스 No. 23의 캔디(KANDY)라는 홍차는 스리랑카 고산지인 누와라엘리야, 우바, 딤블라의 홍차를 혼합한 것이다. 외관은 갈색과 녹색이 혼합되어 있고 우린 후 엽저에는 녹색이 더 뚜렷이 보인다. 찻물색은 주황색으로 씁쓰레하고 떫은맛이 있다. 원래 누와라엘리야 홍차는 향은 좋으나 떫은맛이 다소 있는데 그것이 한 요인으로 생각된다. 스리랑카에서는 중지대의 캔디 지역에서 홍차가 생산되지만 이 이름은 그것과 전혀 상관없다. 캔디는 콜롬보에서 북동쪽에 위치하는 고원도시로 18세기까지 올드 왕조의 수도였던 예쁜 이름이라 붙였다고 한다.

| **찻잔** | 홍차가 담겨 있는 찻잔은 다른 색상의 영국 앤슬리 회오리(Swirl) 타입 찻잔(1930년산)이고 양쪽에 있는 다른 색상의 찻잔 2조는 영국산 윈저(Winsor) 브랜드다.

| **홍차** | 스티븐 스미스 No. 47의 방갈로(BUNGALOW)라는 홍차는 히말라야산맥 구릉에서 생산된 유기농 첫물차와 두물차의 다즐링을 혼합한 것으로 과일, 너츠(nuts), 꽃 향이 난다고 적혀 있다. 외관은 가늘고 긴 것도 있고 줄기도 들어 있으며 골든 팁과 실버 팁이 혼합되어 있다. 찻물색은 황색이고 꽃 향이 나나 구수한 향이 주를 이룬다. 맛은 떫은맛이고 엽저에는 초록색이 많이 보인다.

| **찻잔** | 홍차가 담겨 있는 찻잔은 영국의 앤슬리 트리오(1934년산)로 연꽃이 그려져 있다.

| **홍차** | 스티븐 스미스 No. 1851은 포트랜드(Portland) 브렉퍼스트(Breakfast)라고 되어 있다. 외관은 골든 팁이 있고 줄기도 보이며 단 향이 난다. 찻물색은 진한 암홍색이며 단 향이 나고 맛은 생각보다 떫지 않다. 엽저에는 검은색과 갈색이 보인다.

| **찻잔** | 홍차가 담겨 있는 찻잔은 영국 로열첼시사의 장미가 있는 브렉퍼스트 전용 찻잔이다. 브렉퍼스트 전용 찻잔은 크기가 크다.

# 기타 홍차류와 찻잔들

**| 홍차 |** 스리랑카의 딜마(Dilmah) 브랜드 중 와테(Watte) 시리즈가 있다. 네 종류 홍차를 산지의 고도에 따라 와인과 연관시켰다. 야타 와테(Yata Watte)는 세계에 널리 알려진 레드와인 포도종의 하나인 카베르네 소비뇽(Cabernet Sauvignon) 스타일이라고 한다. 해발 600m 이하 열대우림에서 생산되는 야타 와테는 과일 향과 스모키 향이 나며 떫은 맛이 적은데 향미가 강한 카베르네 소비뇽을 닮았다고 한다. 찻물색은 아주 예쁜 주홍색이지만 달콤한 향미는 부족하다.

**| 찻잔 |** 영국 쉘리사 퀸앤의 복숭아와 포도가 그려진 8각 찻잔(1925~1945년산, 모델번호 11498, No. 723404)에 담았다. 찻물색이 이 찻잔에 무척 잘 어울렸다.

**| 홍차 |** 국내에서 구입한 중국의 소타 홍차(유효기간 3년)를 잘라서 보니 잎이 크고 줄기가 들어 있으며 균일하지 않았다. 마른 찻잎에서 한약 냄새가 나고 찻물색은 등황색이며 전반적인 향이 다즐링과 닮은 것 같다.

**| 찻잔 |** 웨지우드의 찬우드(Charnwood)에는 모

란꽃과 나비가 그려져 있다. 1951년부터 생산되었고 1987년에 단종되었다. 이 찻잔은 갈색 항아리 백마크가 있으므로 초기작이다. 앞에서 소개한 민튼사의 시누아즈리풍 나비와 꽃이 있는 찻잔과 많이 닮았다. 영국산이지만 오리엔탈풍이라 중국산 소타 홍차에 잘 어울릴 것 같아 선택했다.

**| 홍차 |** 일본의 채소와 차 과학국립연구소(National Institute of Vegetable and Tea Science)에서 개발한 컬티바 베니후키(Cultivar Benifuki. 2015. 5. 3, plucking, 5. 4, Rolling)라는 이름의 홍차다. 연구소에 근무하는 일본인 지인이 한국에서 국제세미나를 개최할 때 가져다주었다. 소량이라 분석을 하지 못했지만 관능검사는 했다. 찻물색은 옅은 주황색이고 향미가 매우 좋다.

**| 찻잔 |** 이마리 브랜드로 유명한 영국산 로열 크라운 더비의 이마리(1937년산, 1128)다.

**| 홍차 |** 누와라엘리야 헬라디브(Heladiv)는 등급 정보는 없으나 고산지 생산품답게 향긋한 향미가 다른 홍차와는 확실하게 비교되는 홍차다. 건조한 홍차는 잘게 브로큰되어 있고 골든 팁이 많다. 풋풋하고 신선한 향기와 꽃 향이 있고 찻물색은 황색으로 떫은맛이 좀 있다.

**| 찻잔 |** 영국산 수지쿠퍼(Soosie Cooper) 찻잔(1950~1966년산)에 담았다. 수지쿠퍼는 디자이너 이름으로, 그는 도자기 회사에서 일하다 독립하여 자기 이름을 딴 회사를 세웠다. 1966년 이후 웨지우드에 인수되었으나 그 이름은 계속 사용했다. 이렇게 모던한 디자인은 1950~1970년 동안 디자인을 중요시한 북유럽 그릇 디자인의 모태가 되었다.

**| 홍차 |** 모스크바공항에서 홍차를 구입했다. 2014년에서 2019년의 다소 긴 유효기간이 적혀 있었다. 스리랑카 믈레즈나사의 홍차를 러시아에서 수입한 것으로 별로 특징은 없었다.(Company@mlesna.ru)

**| 찻잔 |** 러시아에서 유명한 로모노소프(Lomonosov) 중 소련 연방 시대 수출용 앤티크 찻잔으로 남성적인 멋이 있다.

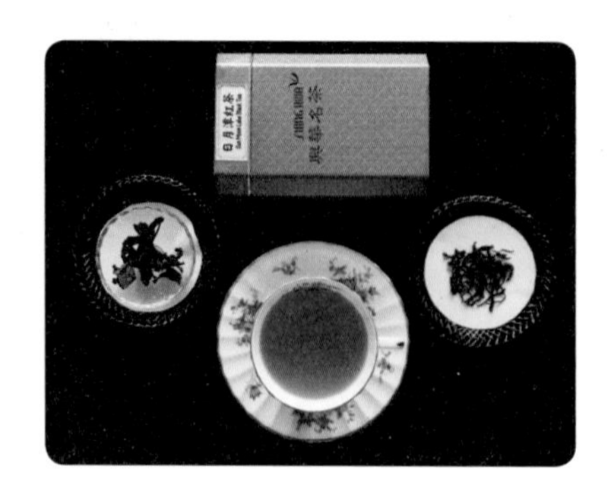

**| 홍차 |** 대만 일월담 호수 주변에서 생산되는 홍차로 일반적으로 살구 향, 엿기름 향, 육계 향, 박하 향 등이 있는 홍차로 알려져 있다. 실제 우려 보니 찻물색은 황색으로 연하며 살짝 단맛이 있고 향미가 좋았다.

**| 찻잔 |** 영국 로열 우스터의 로어노크(Roanoke)

패턴(2827)으로 이렇게 주름이 잡혀 있는 형태를 러플(ruffle) 쉐입이라고 한다.

### 로열 우스터(Royal worcester) 이야기

1751년 영국의 우스터라는 마을에서 위고니아(Wigonia)라는 이름으로 시작되었고 1789년 국왕 조지(George) 3세와 샬럿(Charlotte, 독일 이름 샤를로테) 왕비가 방문하여 로열 칭호를 주었다. 우스터는 항구가 있는 곳이라 다른 곳으로 운송하기 쉬워 고품질에 생산성이 있는 아름다운 도자기를 만드는 곳으로 유명해졌다.

**| 홍차 |** 대만산 소엽 홍차의 외관은 잎이 크고 줄기가 있으며 균일하지 않고 한약 냄새가 난다. 전반적인 향은 다즐링과 비슷하다. 찻물색은 등황색이고 향미는 무난하다. 뜨거운 물을 약간 식혀서 우리는 것이 좋다고 적혀 있다.

**| 찻잔 |** 영국 버던(Verdun)사 피닉스 본차이나 찻잔(1912~1925년산)이고 함께 있는 것도 동일한 브랜드의 밀크저그다.

**| 홍차 |** 스리랑카의 아크바 홍차는 국내의 차박람회나 카페 쇼에서 구입할 수 있는 홍차다. 본사가 스리랑카에 있는 이 회사는 인도에서 스리랑카로 이주(1867)한 사람의 아들이 설립했고 그의

아들들과 합류하여 아크바 브라더스(Akbar Brothers Ltd.)라는 법인을 만들어 세계 각 나라의 고급 홍차부터 값싼 티백까지 다양하게 수출하고 있다. 아크바의 잎차로 된 홍차는 캔이 예쁘다. 이 홍차는 국내 카페 쇼에서 구입한 것으로 가격이 저렴하여 손쉽게 입수할 수 있으며 향미도 무난하다.(www.akbar.com)

**| 찻잔 |** 독일의 생산연도가 오래된 올드 드레스덴 찻잔은 얇게 만들어 가볍고 손잡이 등도 예쁘고 정교하다. 드레스덴 컴포트도 예술품에 가까울 정도로 아름답다. 드레스덴에서는 1800년대 말부터 여러 공방이 핸드페인팅으로 도자기를 생산했다.

**| 홍차 |** 아마드(AHMAD) 홍차는 실론의 잎차이며 가격이 합리적이고 향미도 약한 편이다. 영국의 아마드티는 전통이 오래된 브랜드다. 대부분 홍차는 아시아 지역 차산지에서 가져오지만 영국 본사에서 가공한다. 부담 없이 합리적인 가격으로 구입할 수 있기 때문에 영국 대중에게 파고들었다. 우리나라에서도 쉽게 볼 수 있다.

**| 찻잔 |** 영국산 사무엘 래드포드(Samuel Radford)사의 1880년대 마크다. 이 브랜드는 생소한데 올드 월레만이나 파라곤의 너플과 유사한 형태다.

| 홍차 | 실론의 티 포 유(Tea 4 u)는 스리랑카 우바 지역 잎차로 등급이 적혀 있지는 않았다. 잎차 형태는 균일하지 않지만 브로큰으로 둥글게 말려 있다. 찻물색은 주홍색이고 향은 꽃 향과 민트 향이 있으나 떫은맛이 있다.

| 찻잔 | 프랑스의 앤티크 찻잔인 하빌랜드의 패랭이꽃 찻잔(1903~1925년산)은 두께가 얇고 가벼우며 매우 여성스럽다. 이 홍차를 제공한 여성을 연상시키는 찻잔이다.

| 홍차 | 나야판(NAYAPANE)은 스리랑카의 캔디 지역이며 해로우 실론 초이스(Harrow Ceylon Choice)는 안개 낀 골짜기에서 손으로 수확한 페코(Pekoe)인데 가볍게 말려 있고 향미가 우수하다고 적혀 있다. 찻물색은 주황색이고 향은 처음에는 풋풋함이 올라왔으나 살짝 꽃 향과 구수한 향이 있다. 맛은 약간 떫은데 엽저를 보니 큰 잎이 파쇄된 형태이기 때문에 떫은맛이 나는 것 같다.(www.elpitiya.com)

| 찻잔 | 영국 앤슬리사의 핸드페인팅된 장미꽃과 버건디 레드 컬러가 예쁜 찻잔(1934년산)이다.

| 홍차 | 양산 통도사 서운암에서 사용하는 중국산 고차수(古茶樹)에서 채엽한 찻잎으로 발효한

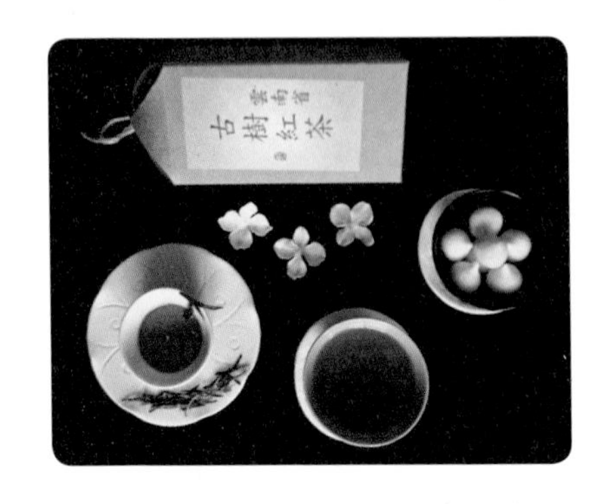


차다. 차맛이 깔끔한 특징이 있다.

| **찻잔** | 서운암에서는 도자기에 옻칠한 잔을 사용한다. 검은색과 베이지색 두 가지가 있는데 발효차의 찻물색을 보는 데는 베이지색이 좋다. 찻물색을 더 자세히 보기 위해 흰 잔에도 담아 보았다.

| **홍차** | 웨지우드의 오리지널 파인 티(Original fine tea)로 인도와 케냐산 홍차가 블렌딩된 것이다. CTC 형태(입자가 큰 것, 중간 것, 작은 것이 있으며 입자가 작을수록 쓴맛이 많은)이나 입자가 큰 편이다. 찻물색은 주황색으로 진하지는 않으며 무난한 향미를 가지고 있다.

| **찻잔** | 독일 브랜드로 토마스 아이보리(Thomas Ivory)라는 백마크를 가지고 있으며 바바리아(Barvaria) 지역 찻잔이다.

| **홍차** | 하동 녹차연구소에서 개발한 발효차로 향미가 무난하며 찻물색은 연한 편이다. 티백은 생분해 필터로 만들어졌다.

| **찻잔** | 영국산 스태퍼드셔의 앤티크 찻잔에 담았다.

## 잎차로 된 브렉퍼스트와 애프터눈 홍차들과 찻잔

| 홍차 | 영국 웨지우드 브랜드의 캔에 들어 있는 브렉퍼스트 홍차는 실론티를 메인으로 하고 아쌈과 케냐산 홍차를 블렌딩한 것이다. 홍차 형태는 전형적인 CTC 형태로 동글동글 잘 말려 있다. 찻물색은 주홍색으로 진하고 떫은맛이 있다. 한편, 같은 캔에 웨지우드라고 적혀 있는 곳의 색깔만 다른 것에 들어 있는 애프터눈 홍차는 케냐산 홍차를 메인으로 하고 인도의 닐기리 티가 블렌딩되었다. 닐기리 티는 여러 가지 면에서 블렌딩하기 무난한 홍차다. 차 형태가 덜 말려 있고 모양이 들쑥날쑥하다. 찻물에도 찻잎이 떠올랐다. 부피도 같은 무게인데 브렉퍼스트에 비해 많아 보였다. 찻물색은 브렉퍼스트보다 약간 연하고 떫은맛은 크게 차이가 나지 않았다.

| 찻잔 | 찻물색을 잘 비교하기 위해 흰색의 양손 손잡이가 있는 프랑스산 앤티크 리모주 찻잔을 이용했다.

| 홍차 | 이탈리아 카페 그레코(Caffe Grero)의 브렉퍼스트 홍차는 인도와 실론차 블렌딩으로 골든 팁이 많다. 외형은 잘게 잘라진 브로큰이며 색깔은 암갈색으로 향이 있다. 찻물색은 진한 주홍색

이고 풋풋한 향이 있으며 맛은 떫은맛이 강하다. 엽저에 풋풋한 향이 남아 있다. 캔에서 소개한 이탈리아 로마에 있는 카페 그레코는 1760년대에 문을 연 역사가 있는 장소로 유명하다. 괴테·쇼펜하우어 등 문인, 멘델스존·리스트·바그너 등 음악가와 여러 예술가가 드나들어 유명해졌으며 100년이 지난 후 리모델링하여 관광명소가 되었다.

| **찻잔** | 헝가리산 헤렌드의 로쉴드 버드 패턴의 브렉퍼스트 찻잔에 담았다.

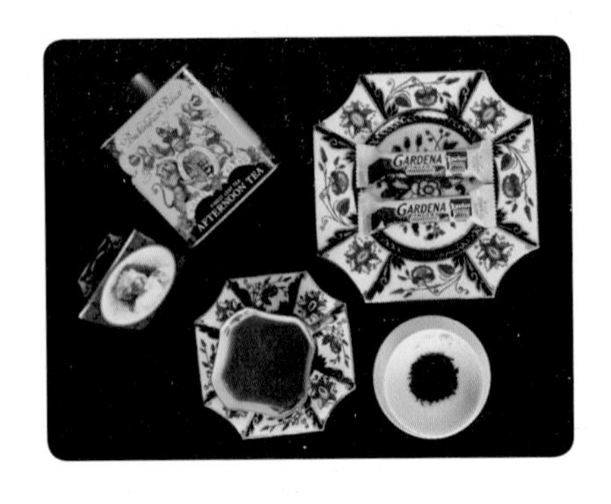


| **홍차** | 버킹엄궁의 애프터눈 티는 잎차로, 여러 나라 차로 블렌딩되어 있는데 그 종류는 적혀 있지 않으나 뒷맛에는 중국의 기문 홍차 같은 맛이 남았다. 외관 형태는 균일하지 않고 골든 팁을 많이 보유하고 있다. 찻물색은 등홍색이고 풋풋한 향이 있다. 맛은 약간 떫으나 목 넘김이 좋다. 티캔(차통)에는 1인당 1티스푼을 담아 3분 우리며 밀크 없이도 좋고 밀크를 넣어도 좋다고 적혀 있다. 노랑과 보라색을 사용한 티캔에 버킹엄궁에서 1860년대 여름부터 빅토리아 여왕이 티파티를 열어 지금까지 가든파티로 계속되고 있다고 적혀 있다. 브렉퍼스트 파티로 알려져 있지만 실제로는 애프터눈에 파티가 시작된다. 이 홍차는 아이스티에도 적합하다고 되어 있다. 차통은 뚜껑 여는 곳이 이중으로 되어 있고 잘 열린다.(royalcollection.org.uk)

| **찻잔** | 영국산 윌레만(Wileman, 1884~1910년산) 찻잔에 담았다.

### 브렉퍼스트와 애프터눈 티의 영국산 상품 이야기

영국산 홍차 제품 중에는 브렉퍼스트와 얼그레이 및 애프터눈 티를 한 세트로 구성하는 경우가 많다. 사진에 있는 제품 중 얼그레이만 제외하고 전부 입자가 큰 CTC 홍차로 구성되어 있다. 입자가 큰 CTC 홍차는 입자가 작은 것보다 떫은맛이 약하고 전체적으로 마일드한 맛을 낸다.

브렉퍼스트와 애프터눈 티의 영국산 상품

## 티백류 등급별 홍차들과 찻잔

티백 제품은 낱개로 포장되거나 2개씩 한 조로 포장된 것도 있다. 개별 포장하여 10개 정도를 상품으로 한 것도 있으며 개별 포장하지 않고 넣은 것도 있다. 개별 포장의 재질은 종이나 비닐이다. 티백 재질은 펄프(종이), 거즈나 모슬린, 나일론 등이 이용되고 내부 형태는 최대한 차가 잘 우러나올 수 있는 형태다. 피라미드 형태의 샤체(Cachet, 프랑스어로 향신료 주머니라는 뜻)는 점프 공간이 커서 잘 우러나온다. 티백 속 차 형태는 제일 작은 입자는 패닝이나 더스트 타입이고 파쇄형이나 CTC 형태도 있으며 가끔 OP 같은 잎차 타입도 있다. 티백에 들어 있는 홍차 함량은 브랜드마다 일정하지 않다. 가지고 있는 티백 함량을 측정해보니 1.9g(독일산 티백)부터 3g(일본 우레시노 홍차)

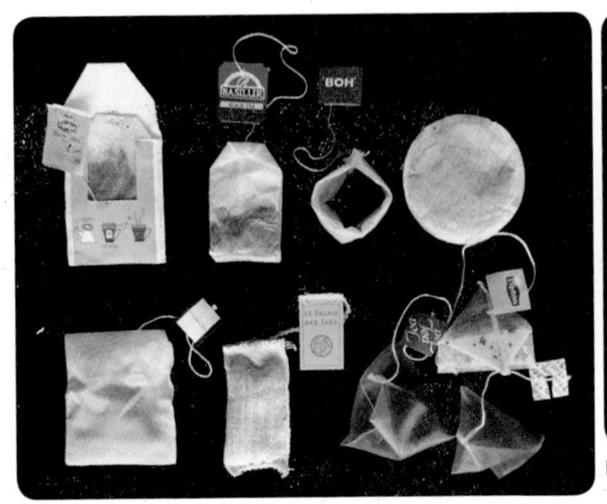

티백 내부 형태

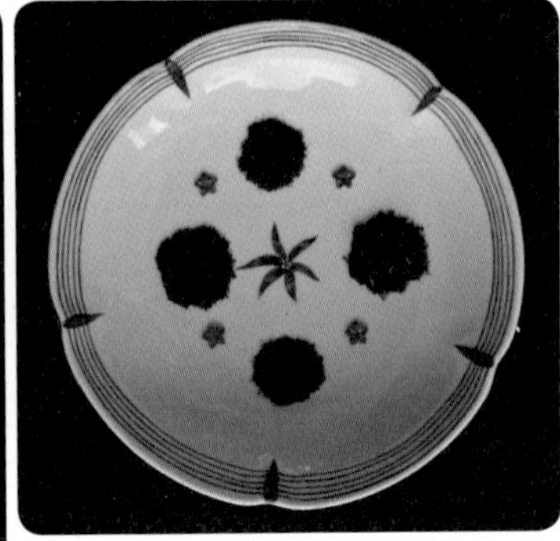
티백 속에 있는 차 형태, 접시: 서우공방

까지 있었다. 끈이 없는 둥근 홍차(케냐산 2.6g, 영국 버킹엄궁 2.8g)에는 차가 비교적 많이 들어 있었다. 포트넘 앤 메이슨은 2.5g이고 립톤은 2.2g 들어 있다.

| 홍차 | 각종 브랜드와 등급의 다즐링 티백이다. 찻잔에 있는 홍차는 포트넘 앤 메이슨의 다즐링 BOP라 찻물색이 잎차보다 약간 진하고 향기로우나 맛은 다소 떫다.

| 찻잔 | 독일의 로젠탈 중에서 상수시는 고급라인에 속한다. 이것은 프리드리히 대왕의 궁전이었던 상수시(Sans souci, 걱정이 없는)궁전 내부 장식에서 영감을 얻었다고 한다.

| 홍차 | 리지웨이(Ridgway)사에서 생산된 다즐링 홍차 티백이다. 이 회사는 1836년 런던에서 창립자 토머스 리지웨이가 설립했다. 그는 블렌딩에 유능해서 세계 다원에서 가져온 차류를 블렌딩해 제품을 만들었다. 향긋한 향미가 있으나 약간 떫다. 자체 이름을 사용한 도자기도 출시했다.

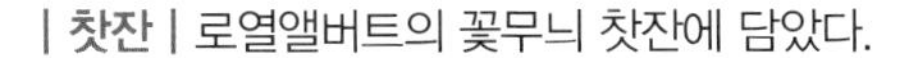

| 찻잔 | 로열앨버트의 꽃무늬 찻잔에 담았다.

| 홍차 | 실론차 중 센클레어즈(St. Clair's) 딤블라(BOPsp)는 티백형이며 브로큰이라 홍차가 빨리 우러난다. 찻물색은 주홍색이고 달콤한 향이 있다. 맛은 대체로 부드럽고 구수하다. 밀크티로 이용하면 좋다.

| 찻잔 | 프랑스 화가 프라고나르의 연인 명화가 그려져 있는 독일의 올드 바바리아 찻잔이다. 이 명화는 같은 나라의 다른 브랜드 혹은 많은 나라에서 찻잔이나 차도구에 사용하고 있다.

| 홍차 | 스리랑카의 센클레어즈 엑셀시오르(St. Clair's EXCELSIOR) 누와라엘리야(Pekoe)의 피라미드 쉐입 티백이 들어 있다. 건조차는 잎이 크고 은은한 풀 향이 나며 낙엽 모양이다. 찻물색은

등황색이고, 향은 은은하고 부드러우며 꽃 향이 있다. 맛은 순하여 부드럽게 잘 넘어간다.

**| 찻잔 |** 영국 로열 덜튼 테니스 세트는 로열 칭호를 받기 전인 1898년 생산된 덜튼 버슬렘(Doulton Burslem, 프리 로열 덜튼이라고 함)이고 찻잔 바닥 날짜 마크(Dating Mark)에 98이 새겨져 있어 1898년산으로 짐작하는 오래된 찻잔이다. 금장은 아티스트 허버트 배틀리(Herbert Batteley)가, 플라워는 아티스트 케이트 캐슬(Kate. J. Castle)의 핸드페인팅이다.

## 테니스 세트(스낵 세트) 이야기

테니스 세트의 어원은 분분하다. 잔받침이 테니스 코트처럼 넓다고 하여 혹은 테니스 라켓처럼 보인다고 하여 등 상상의 나래를 편다. 하지만 정확한 것은 이렇다. 1860~1870년대 영국에서 테니스 붐이 일었는데(윔블던테니스대회는 1877년 처음 열림) 그 당시 테니스는 부유한 사람들이 테니스도 하고 우아하게 티파티도 하며 즐기는 고상한 일로 여겨졌다. 그래서 영국 도자기 회사 스포드(spode)가 처음으로 상류층을 타킷으로 찻잔이나 커피잔과 샌드위치를 같이 둘 수 있는 세트를 만들고 이를 특허 내어 일명 테니스 세트(tennis set)라고 했다.

그 후 텔레비전이 발명되면서 민스 파이(mince pie, 파이 반죽에 건과일, 향신료, 수이트(suet, 소나 양의 신장, 허리 둘레에서 얻은 지방)로 만든 달콤한 민스미트(mincemeat)를 속재료로 채워 구운 영국식 파이)를 먹는 티브이 플레이트(tv-plate)라고도 잠시 불렸다. 이제는 여유롭게 차와 토스트를 같이 즐기는 세트로 간주하며 스낵 세트라고도 한다. 윔블던 론테니스 박물관에 가면 초창기 테니스 도구와 같이 초기 테니스 세트도 진열되어 있다.

각종 테니스 세트. 위에서 시계방향으로 테일러켄트(Taylor Kent), 쉘리(Shelley), 크라운 스태퍼드셔(Crown Staffordshire)

| 홍차 | 코끼리 캔에 들어 있는 케냐산 윌리엄슨(Williamson) 홍차는 둥근 티백이다. 우리나라에서는 잘 유통되지 않는데 밴드를 통해 구했다. 색깔은 진한 홍색이며 향미는 비교적 마일드하다.

| 찻잔 | 영국산 에치엠 서더랜드(HM SUTHERLAND) 찻잔(1950년산)은 오리엔탈풍 디자인이며 장식 접시는 케냐산 토산품이다. 이 구성은 사파리를 연상시킨다.

## 티백류 가향 홍차들과 찻잔

**| 홍차 |** 일본 카렐차펙(KarelCapek)의 유자 얼그레이는 티백으로 실론차인 누와라엘리야의 페

코와 FBOP 등급 홍차에 합성 유자향을 첨가한 것이다. 찻물색은 밝은 황색이다. 유자 얼그레이의 티백은 티백 꼭지를 티잔에 걸칠 수 있도록 되어 있는 아이디어가 돋보인다.

**| 찻잔 |** 독일 바바리아에서 생산된 알카(AIKA)인데 찻잔받침의 스퀘어 형태가 매력적이다.

### 일본의 차 브랜드 카렐차펙 이야기

일본 도쿄의 키치조지(吉祥寺)에 가면 일본 홍차 브랜드 카렐차펙 본점이 있다. 이 브랜드는 1996년 동화작가 야마다 우타코(山田詩子)가 만들었다. 카렐차펙은 체코의

카렐차펙 본점

카렐차펙 티백들

유명작가 이름이다. 본점을 직접 방문했는데 작가가 그린 예쁜 차류나 차와 관련된 작품들, 동화책들이 진열되어 있었다. 새해에 방문한 덕분에 사은품으로 각종 티백을 받았다.(www.karelcapek.co.jp)

| **홍차** | 포트넘 앤 메이슨의 카운테스 그레이 가향차다. 카운테스(Countess)는 백작부인이라는 뜻이다. 중국산 홍차에 오렌지 향과 오렌지껍질을 넣었으며 마리골드 꽃잎도 혼합되어 있다. 통상의 얼그레이보다는 찻물색이 연하고 향기도 은은하며 맛은 가볍고 상큼한 편이다. 평소 얼그레이에 거부감이 드는 사람도 마실 수 있다.

| **찻잔** | 영국의 파라곤 트리오(Paragon Trio, 1960년산)인데 붉은 빅 로즈가 민트색 찻잔과 찻잔 받침에 예쁘게 담겨 있다.

| **홍차** | 일본산 딸기 가향 홍차는 영국 해던 홀(Haddon Hall)성 벽화를 디자인한 민튼(Minton)사 그림 디자인을 포장박스 안에 담고 있다. 제조사는 공영 제다주식회사다. 시즈오카산 찻잎에 동결 건조한 딸기와 향료를 첨가하여 티백을 12개 넣었다. 티백의 딸기 향이 자연의 딸기 향 같은 느낌이 든

다. 찻물색은 등황색이며 향기는 건조차보다 딸기 향이 약해졌다. 맛은 마치 생딸기가 첨가된 것처럼 느껴져 합성향이 들어 있는 것과 차이가 많다.

**| 찻잔 |** 영국의 민튼은 스월(swirl, 회오리)잔이 많은데 그중 데인티 스프레이(Dainty sprays, 1951~1970년산)다.

**| 홍차 |** 말레이시아 브랜드 BOH(중국의 Bohea에서 딴 이름)사의 망고 향이 첨가된 가향 홍차 티백이다. 향이 강하게 느껴진다.

**| 찻잔 |** 앤슬리 찻잔(1930년산)은 손잡이가 꽃 모양으로 되어 있어 특이하다.

**| 홍차 |** 1001 Night tea는 실론차를 일본 MC food에서 수입하여 제조한 가향 홍차 티백이다. 홍차와 녹차 베이스에 장미꽃, 해바라기꽃, 오렌지꽃과 향료를 혼합하여 만들었다.

**| 찻잔 |** 이탈리아 베네치아 현지에서 직접 구매한 짙은 주홍색 무라노 유리 찻잔이다. 색깔을 잘 볼 수 없어 흰 잔에도 담았다.

| **홍차** | 말레이시아 브랜드 BOH(중국의 Bohea 에서 딴 이름)사의 여지 향이 첨가된 가향 홍차 티백인데 향이 강하다.

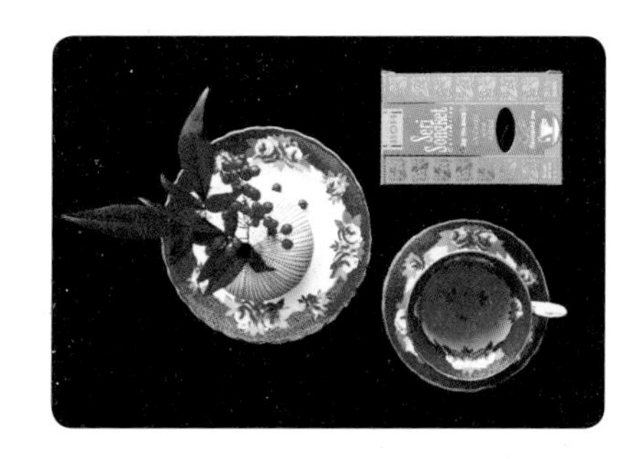

| **찻잔** | 영국 투스칸 찻잔(Tuscan china, 1947~1966년산)으로 빨간 장미를 핸드페인팅으로 그린 것이다.

| **홍차** | 일본 카렐차펙의 북 러버(BOOK LOVER)는 티백으로 실론차인 누와라엘리야의 BOPF와 페코 등급을 혼합한 것에 달콤한 배와 민트 향을 첨가한 가향차다. 찻물색은 황갈색이며 기분 좋은 떫은맛과 단맛이 있고 뒷맛도 깨끗하다.

| **찻잔** | 덴마크의 로열 코펜하겐이 인수한 브랜드인 빙앤그뢴달(Bing&Grøndahl), 골드 트림 블루시걸(gold trim blue seagull)이며 골드색 장식 처리된 것을 골드 트림이라고 한다.

| **홍차** | 1886년 영국의 첼시(Chelsea)에서 시작된 위타드(Whittard)사의 잉글리시 로즈(English Rose) 홍차다. 찻물색은 등홍색이고 가향차이지만 향미는 강하지 않다. 풍선껌 향이 나며 밀크티 재료로 이용된다. 티백에는 안 보였으나 티캔에 잎차로 있을 때는 건조 장미꽃잎이 많이 혼합되어

있다. 잎차의 찻물색은 주황색이고 장미 향이 아주 강하다. 잎차를 담은 찻잔은 앤슬리의 그린 마크가 있는 핑크로즈다.(www.whittard.co.uk)

| **찻잔** | 영국 파라곤사의 골든 플라워(Golden flower 찻잔, 1949~1952년산)로 22K 금장으로 되어 있다.

위타드의 잉글리시 로즈 잎차

앤슬리 핑크로즈 찻잔들, 왼쪽 아래만 폴리(Foley)

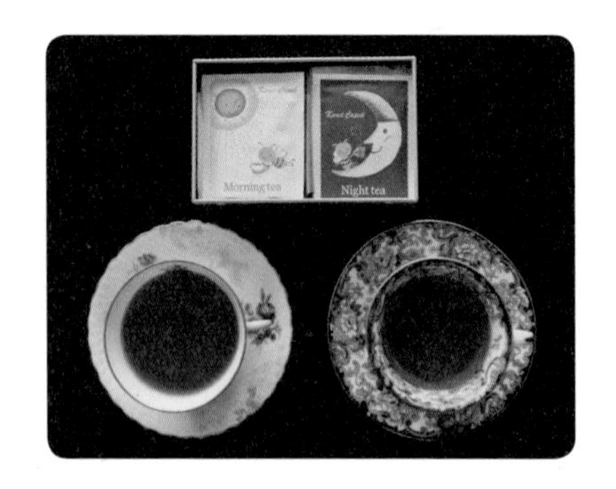


| **홍차** | 일본 카렐차펙의 모닝 티와 나이트 티다. 모닝 티는 실론 홍차에 아침잠을 깨우기 위해 로즈메리와 라임을 가향 처리한 것이고 나이트 티는 실론 홍차에 라벤더와 바닐라 향을 첨가한 것으로 둘 다 티백이다.

| **찻잔** | 모닝 티는 1898년 생산된 덜튼 버슬렘(Doulton Burslem, 프리 로열 덜튼이라고 함)의 찻잔에 담았다. 이 잔에는 아티스트 허버트 배틀리

의 핸드페인트 그림을 담았다. 나이트 티는 올드 웨지우드에 담았는데 웨지우드 찻잔에는 백마크(1902~1949년)로 갈색 동그라미가 세 개 있다.

**| 홍차 |** 국내 차전문기업인 티젠(TEAZEN)에서 출시한 가향 홍차 티백 세 종류다. 다즐링 샴페인 홍차, 얼그레이 프렌치블루와 아쌈 오렌지다. 다즐링 샴페인 홍차는 커피나 라테에 길들여진 젊은이들이 새로운 음료를 찾을 때 호기심을 자극할 수 있다. 향이 너무 강해서 뜨거울 때보다 약간 식었을 때가 마시기 좋다. 얼그레이 프렌치블루는 찻물색은 주황색이고 향은 오렌지 향이 강하며 맛은 시큼하다. 아쌈 오렌지는 찻물색이 진하고 향이 강하다.

**| 찻잔 |** 다즐링 샴페인 홍차는 영국산 콜포트(Coalport)사 찻잔에, 얼그레이 프렌치블루는 갈색 항아리 마크가 있는 올드 웨지우드에, 아쌈 오렌지 홍차는 홍차 이름과 찻물색이 잘 어울리는 주홍색 올드 드레스덴 찻잔에 담았다.

**| 홍차 |** 홍차가 든 스리랑카산 베질루르 티북은 인기가 많다. 이 홍차는 크리스마스용으로 나온 가향차인데 티북 번호가 5번이다. 잎차에 구기자 2.1%, 홍화꽃 1.05%와 착향료(바닐라, 레몬, 오렌지, 아몬드) 3.15%가 혼합되어 있다. 잎차 외관은 균일하지 못하고 차색이 진하다. 찻물색은 등황색으로 연하고 홍차 고유의 향이나 구기자 혹은 홍화꽃을 첨가한 것도 인공적인 가향에 묻힌 느낌

이 난다. 맛도 합성향을 첨가해 넘기기 힘든 부자연스러운 느낌이다. 티 캐디 안에 티백도 포함되어 있어 직접 홍차를 넣어 마실 수 있는 아이디어는 좋은 상품이다.

| **찻잔** | 1863년부터 5대째 전통을 이어온 프랑스의 명품 자기 브랜드 베르나르도의 정원과 꽃밭을 소재로 한 자르딘 앤디앙(Jardin indien) 찻잔에 담았다.

## 티백류 블렌디드 홍차들과 찻잔

| **홍차** | 포트넘 앤 메이슨의 러시안 캐러반(RUSSIAN CARAVAN)은 블렌디드 홍차다. 교통이 발달하기 전 중국에서 러시아까지 캐러반이 낙타에 홍차를 싣고 사막을 횡단했다는 데서 유래했다. 중국의 기문 홍차와 오룡차를 블렌딩한 것이다.

| **찻잔** | 미국 찻잔 트위그(Twig, 뉴욕)의 블루버드에 담았다. 찻잔 이름은 미국산 트위그 뉴욕

뒤태가 아름다운 찻잔

의 헤리테지 블루버드(Heritage blue bird)이며 잔과 받침은 뒤태가 아름답다. 신세계백화점에서 구입했다.

| **홍차** | 일본산 루피시아(5110)의 라벨 에포크(La belle Epoque)는 블렌디드 홍차다. 라벨 에포크는 좋은 시절이라는 프랑스어다. 제1차 세계대전 전 프랑스의 평화로운 시대를 말한다. 루피시아에서는 오소독스법의 다즐링을 베이스로 아쌈의 CTC를 블렌딩하여 티백을 만든다. 찻물색이 진하고 차 맛도 강하여 사람들에 따라 호불호가 다르다. 참고로 일본 지유가오카에 있는 루피시아 본점 2층 티룸 이름도 벨 에포크다.

| **찻잔** | 영국 민튼사의 오래된 스월 찻잔(1912~1950년산)에 담았다.

| **홍차** | 대만의 석란 홍차(1932년에 설립된 라이온(Lion) 브랜드의 세봉 명차)는 찻물색이 유난히 진하여 1티백을 다른 홍차와 달리 400ml의 뜨거운 물에 우린다. 찻물색은 검붉은 주홍으로 색이 진한데 비해 떫은맛은 강하지 않다. 사용한 티푸드는 그래인스(grains) 쿠키다.(http://www.grains.co.kr)

| **찻잔** | 영국산 파라곤사의 앤티크 찻잔에 담았다.

| **홍차** | 웨스민스터 티(WESMINSTER Tea)라고 적혀 있지만 독일 바바리아 지역 근처에서 생산된 티백이다. 티백이라 찻물색이 진하며 향은 약하고 맛은 무난하다.

| **찻잔** | 영국산 로열 첼시의 헤비 골든 로즈 찻잔(1940년산)에 담았다.

| **홍차** | 일본 우레시노의 홍차 티백이 많이 들어 있다. 뜨겁게 우려도 차게 우려도 좋다고 포장에 적혀 있다. 찻물색은 등홍색이고 덖음 처리를 하여 구수하고 달콤한 향이 난다. 떫은맛이 비교적 약하고 구수하여 덖음차를 좋아하는 우리나라 사람한테 잘 맞을 것 같다.

| **찻잔** | 영국산 콜포트(Coalport)의 밍로즈(Ming Rose)는 명나라 장미라는 뜻이다. 콜포트는 1790년 설립된 역사가 깊은 곳이다. 1950~1965년에 생산된 찻잔이다.

| 홍차 | 일본 우레시노의 홍차 티백 두 개가 한 조로 들어 있다. 앞에서 소개한 것과 같은 다원에서 만들어 포장만 다르게 했다.

| 찻잔 | 빌레로이 앤 보흐의 자메이카(Jamaica) 패턴 찻잔(1950~1960년산)이며 룩셈부르크에서 생산되었다.

| 홍차 | 태국산 유기농 홍차 티백인데 라밍(Raming) 티는 태국의 로컬브랜드로 본사는 치앙마이에 있다. 유기농 홍차이며 5개씩(1.8g) 3팩 들어 있다. 방콕의 마트에서 흔히 파는 것으로 포장에 1~2분 우리라고 되어 있는데 3분 우리면 떫다. 짧게 우리면 일상적으로 마시기에는 값도 싸고 좋을 것 같다. 찻물색은 주황색이고 향미는 무난하다.

| 찻잔 | 영국에서 생산된 로열 우스터로 백마크에 'CRADLEY circa 1768 Early worcester'라고 쓰여 있는 것으로 보아 오래전에 있던 꽃무늬를 재생산한 것 같다. 찻잔 크기가 커서 찻물색을 보기가 좋다. 찻잔받침은 크기가 작은 편이다.

## 티백으로 된 브렉퍼스트와 애프터눈 홍차들과 찻잔

티백에 든 브렉퍼스트 홍차들

| **홍차** | 스리랑카 딜마의 브렉퍼스트 홍차는 나일론 재질의 피라미드형 샤체에 들어 있으며 우리기 전 건조차에서 구수한 향이 난다. 포장에 찻물색이 루비 레드색으로 표현되어 있는데 실제 주홍색으로 진하고 맛은 떫다. 한편, 오스트레일리아 차 브랜드 마두라(Madura)에서 생산된 펄프형(점프 공간이 다소 부족하며 브로큰이나 CTC형 차가 주로 들어 있음) 티백은 스리랑카와 인도 차의 클래식 형태 블렌딩이라고 한다. 딜마의 티백 포장에는 220ml의 뜨거운 물에 4~5분 우리라고 권장한다. 그러나 3분만 우려도 떫었다.

| **찻잔** | 웨지우드의 프라제(Praze) 피오니 찻잔(1962~1963년산)이다. 색깔은 터콰즈, 레드, 그린이 있는데 이 잔은 그린색이다. 잔 안쪽 면을 수놓은 화려한 덩굴과 바닥의 꽃무늬는 플로렌틴을 있게 한 원조 패턴이라고 하는데 전체적으로 플로렌틴보다 약간 가볍고 무늬가 단순하다.

| 홍차 | 버킹엄궁 브렉퍼스트 홍차는 케냐, 스리랑카, 인도티를 블렌딩한 끈이 없는 둥근 티백이 50개 들어 있다. 300ml에 3분간 우렸는데 찻물색은 주홍색으로 색깔은 진하지 않으나 맛은 전형적인 브렉퍼스트 티답다. 버킹엄에서 사용하는 것이라도 앞의 잎차를 소개한 사이트와 홈페이지 주소가 달랐다.(www.royalcollectionshop.co.uk)

| 찻잔 | 1930년대 영국산 앤슬리 7773 그린 백마크의 찻잔이다. 화려한 금장과 핸드페인팅 플라워가 고급스럽다.

| 홍차 | 버킹엄궁 로열 블렌드 애프터눈 홍차는 케냐, 스리랑카, 인도티를 블렌딩한 끈이 없는 둥근 티백이 50개 들어 있다. 300ml에 3분간 우렸는데 찻물색이 주홍색으로 매우 진하나 풋풋한 향미가 있다.(www.royalcollectionshop.co.uk)

| 찻잔 | 영국에서 생산된 월레만 찻잔(1903년산)에 담았다.

| 홍차 | 트와이닝사의 오스트랄리언 애프터눈(Australian Afternoon)이라는 이름의 펄프형 홍

차 티백이다. 오스트레일리아 사람을 위한 차, 풀보디로 상쾌한 향미라고 되어 있지만 차에 관한 정보는 전무하다. 찻물색은 진하게 우러나며 떫은맛이 있다. 트와이닝사의 차는 나뭇잎 개수로 떫은맛의 강도를 표현하는데 이 티백의 나뭇잎은 세 개다. 스트레이트나 밀크 양쪽에 다 어울린다.

| **찻잔** | 영국산 웨지우드 플로렌틴 터콰즈다. 1931년부터 생산하여 지금까지도 사랑받고 있는 시리즈다. 갈색, 초록, 검정 항아리의 백마크를 보면 연대를 짐작할 수 있다. 신화 속의 용과 불사조 등이 그려져 있는 이 패턴은 색상과 디자인이 다양하지만 흰색 바탕에 블루색으로 그려진 플로렌틴 터콰즈가 대표적이다. 찻잔, 티포트, 접시 등 다양한 제품이 나와 세계 각국의 애호가들에게 사랑받고 있다.

| **홍차** | 스리랑카 브랜드의 베질루르(Basilur) 20티백이 든 잉글리시 애프터눈 티다. 찻물색은 홍갈색으로 진하게 우러나온다. 맛은 떫은맛은 적으나 쓴맛이 다소 있어 밀크티에도 어울릴 만한 홍차다.

| **찻잔** | 1960년 생산된 스웨덴 브랜드 로스트란드(Rorstrand)의 에덴(Eden)이라는 찻잔인데 에덴동산의 사과를 수채화 느낌으로 디자인했다. 마리안 웨스트맨(Marianne Westmann) 작품이다. 마들렌을 담은 접시는 1960년 생산된 콜포트의 투핸들 윈저 접시다.

**| 홍차 |** 스리랑카 센클레어즈(St. Clair's)의 브렉퍼스트와 애프터눈 홍차 티백을 비교했다. 어떤 홍차 종류를 블렌딩했는지 정보는 없다. 뜨거운 물 250ml를 부어 3분간 우린 것을 비교한 결과 기대와 달리 색깔 차이는 거의 없었다. 브렉퍼스트 홍차가 약간 더 떫은맛이 있다.

**| 찻잔 |** 왼편의 브렉퍼스트 홍차는 영국 로열 첼시의 브렉퍼스트용 찻잔에, 오른쪽 애프터눈 홍차는 웨지우드의 스트로베리 찻잔에 담았다.

**| 홍차 |** 트와이닝사 세트에 들어 있는 브렉퍼스트와 애프터눈 홍차 티백을 비교했다. 어떤 홍차 종류를 블렌딩했는지 정보는 없다. 뜨거운 물 250ml를 부어 3분간 우리니 양쪽 다 홍색이 진하게 우러나왔다. 브렉퍼스트 홍차가 약간 더 떫은맛이 있다.

**| 찻잔 |** 올드 월레만처럼 너플이 있는 앤슬리 찻잔(1925년산)에 담았다.

# 여러 가지 홍차 즐기기

## 간단하게 홍차 우리기(티백)

많은 것을 갖추지 않아도 가정이나 사무실에서 간단하게 실용다구로 티백 홍차를 우릴 수 있다. 티백을 우릴 때 도구가 없으면 머그컵이나 높이가 있는 찻잔을 이용해도 된다. 맛있게 우리는 방법은 잔을 예열하고 티백을 넣은 후 열탕을 붓고 우리는 동안 뚜껑을 덮는 것이다. 최근에는 뚜껑 없는 찻잔에 사용하는 실리콘 재질의 뚜껑(Lid cover) 제품이 판매되고 있다. 찻잔과 찻잔받침이 있을 때는 찻잔받침을 뚜껑으로 이용하기도 한다.

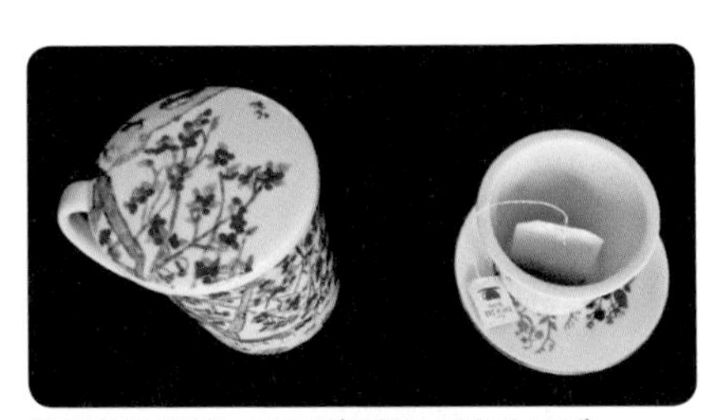

차 거름망이 있는 머그잔(이왈종 미술관 구입)

찻잔과 찻잔받침, 리드커버(Lid cover)

티백에는 주로 브로큰이나 CTC 홍차가 많으므로 잎차보다 우리는 시간을 줄인다. 혼자 마실 때는 티백 한 개를 160ml의 뜨거운 물에 1분 이내, 조금 진하게 마실 때는 2분 안에 끝낸다. 통상 제품 포장에는 물의 함량, 우리는 시간이 적혀 있다. 220ml의 물에 4~5분 우리라고 적혀 있는 것도 있으나 차의 떫은맛 정도나 개인 기호가 다르니 대체로 3분 이내에 끝내는 것이 좋다.

## 간단하게 잎차 우리기

잎차를 간단히 우려 마시는 도구로는 차 거름망이 들어 있는 찻잔이나 티포트를 사용한다. 차 거름망이 들어 있는 내열성 유리 티포트도 잘 활용할 수 있다. 눈금이 있는 유리 서브(Glass Server) 2개나 유리 서브 1개와 유리 숙우(우린 차의 농도를 일정하게 하고

차 거름망이 있는 유리 티포트

유리 서브 2개

실용적인 티포트

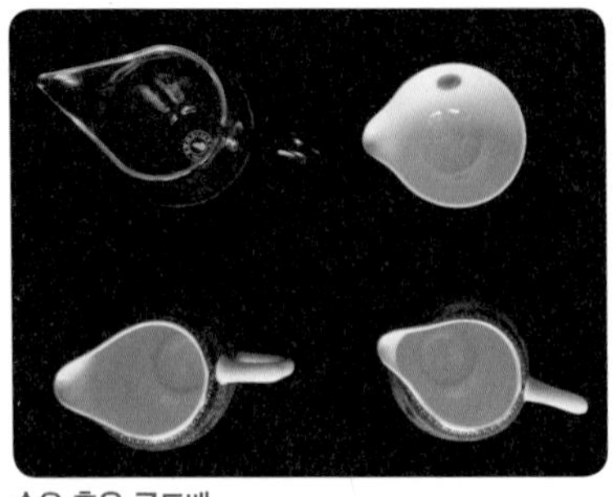
숙우 혹은 공도배

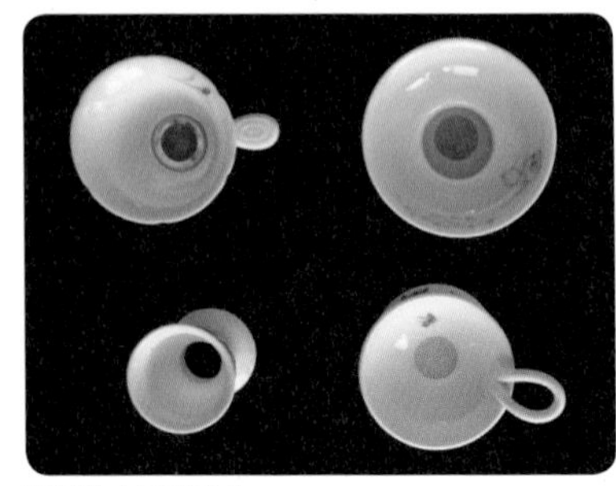
편리한 스트레이너

찻잔에 따르는 용도의 공도배(公道杯)), 조금 더 갖추려면 유리 서브 1개와 티포트 1개를 준비하고 스트레이너와 찻잔이 더해지면 기본적으로 홍차를 우려 마실 수 있다. 간편히 마시려면 실용적인 티포트도 편리한데 법랑으로 되어 있거나 식지 않게 티코지 대용으로 금속커버로 덮여 있는 것도 유용하다.

## 봄 홍차

**과일 홍차 만들기**(동의대 학부실습)

과일 홍차는 계절과 상관없이 제철에 나오는 과일을 사용하면 좋다. 과일 통조림을 사용하기도 한다. 과일의 향미를 살리려면 떫은맛이 약한 무난한 홍차를 사용하는 것이 좋다. 사람이 많을 때는 잎차보다 티백을 사용하면 편리하게 만들 수 있다. 과일이나 과일즙에 알코올이 약간 들어가면 펀치(Punch)라는 용어를 쓴다.

1. 예열한 큰 티포트에 과일을 껍질째 썰어 넣는다.

2. 인원수에 맞추어 차 함량을 정해 다른 티포트에 우린다(6~8인분은 티백 6개를 뜨거운 물 800ml에 우림).
3. 우린 홍차를 예열한 찻잔에 따른다.
4. 홍차에 따로 준비한 과일 조각을 넣거나 오렌지 혹은 레몬 슬라이스에 정향을 꽂아 우린 홍차에 넣는다.
5. 아이스로 할 때는 홍차를 조금 진하게 우리고 얼음을 찻잔에 미리 넣어둔다.

벚꽃술을 1티스푼 넣은 홍차의 찻잔은 아일랜드산 벨릭(Belleek)의 트리닥나(Tridacna) 패턴(1955~1965년산)이다.

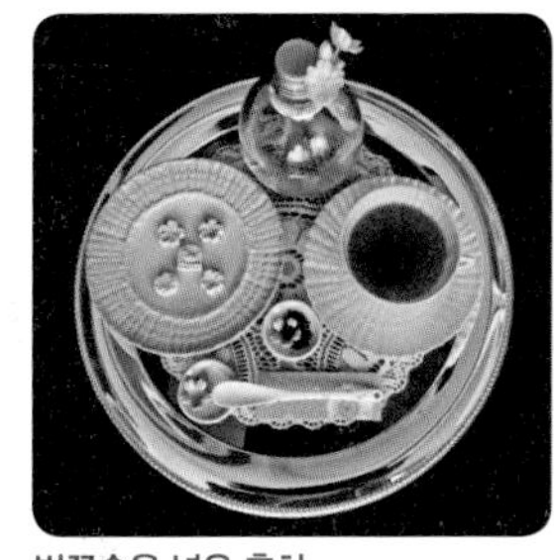

벚꽃술을 넣은 홍차

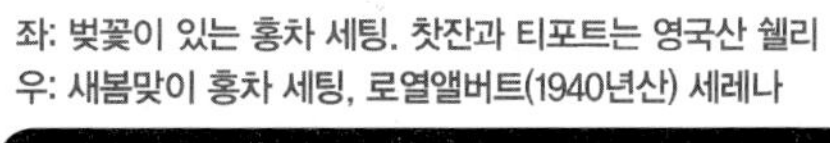

좌: 벚꽃이 있는 홍차 세팅. 찻잔과 티포트는 영국산 쉘리
우: 새봄맞이 홍차 세팅, 로열앨버트(1940년산) 세레나

## 여름 홍차

더울 때는 시원하게 아이스티를 즐겨보자. 만드는 방법도 간단하여 얼음을 넣은 유리잔에 홍차를 진하게 우려 넣으면 된다. 홍차 농도가 가장 중요한데 유리잔 용량이 찻잔의 2배일 때 찻잔 1개 용량의 열탕에 홍차 2배의 함량을 넣어 우린다. 아이스티에 적합한 홍차는 탄닌이 적은 캔디, 닐기리, 딤블라 등이며 레몬이나 라임을 첨가하지 않을 때는 얼그레이도 괜찮다. 레몬이나 라임 등을 이용하면 청량감을 준다. 히비스커스 등 허브차를 혼합해도 되고 탄산음료를 넣어도 좋다. 홍차만 우려 마시는 것을 스트레이트(straight)라 하고 여러 가지 재료를 혼합하는 것을 베리에이션(variation) 방법이라고 한다.

아이스티 준비물

### 아이스티 만들기

1. 200ml의 유리잔을 이용하여 2인분을 만들려면 티백 2개를 열탕 200ml에 우리고

미리 얼음을 넣어둔 유리잔에 급격히 붓는다. 잎차인 경우 물 100ml에 차 1g씩 사용한다. 티백을 찬물에 넣어 냉장고에서 냉침하는 경우도 있다.

2. 탄산음료를 넣고 싶으면 얼음을 미리 넣은 유리잔에 우린 홍차를 6할 정도 넣고 탄산음료를 혼합한다. 필요하면 설탕을 넣거나 양주를 몇 방울 떨어뜨려도 된다.
3. 과일 조각으로 장식한다.

**레몬 아이스티 만들기**(2인분)

1. 레몬 한 개를 준비하여 슬라이스로 잘라 꿀 혹은 설탕에 하룻밤 재워둔다(라임도 같은 방법으로 하고 다른 과일도 가능).
2. 예열한 티포트에 잎차를 4~6g 정도 넣고 뜨거운 물 300ml를 넣어 3분간 우린다.
3. 둥근 유리잔에 사각 얼음이나 큰 얼음을 부숴 넣고 절인 레몬을 3~5개 넣는다(유리잔 용량이 큰 경우). 탄산음료를 적

레몬 아이스티

당히 혼합해도 좋다.

4. 우린 홍차를 얼음 위로 붓고 절이지 않은 레몬으로 잔 위를 장식하여 완성한다. 다른 과일의 경우 베리류를 띄워 장식하거나 민트잎을 이용하여 장식한다.

**라임 아이스티 만들기**(2인분)

1. 라임 한 개를 준비하여 슬라이스로 자른 뒤 꿀 혹은 설탕에 하룻밤 재워둔다.
2. 예열한 티포트에 잎차를 3~4g 넣고 뜨거운 물 200ml를 넣어 3분간 우린다.

라임 아이스티

3. 라임은 레몬보다 더 시고 떫으므로 작은 용량의 유리잔을 선택하여 사각 얼음을 넣고 절인 라임을 2~3개 넣는다. 탄산음료를 적당히 혼합해도 좋다.
4. 우린 홍차를 얼음 위로 붓고 절이지 않은 라임으로 잔 위를 장식하여 완성한다.

**탄산음료 정보**

여름에 아이스티를 만들 때 탄산음료는 대부분 어울리지만 이탈리아의 유자 탄산음료인 세드라타 타소니 소다(Tassoni Cedrata, www.biopk.co.kr)나 오스트레일리아의 자연발효 탄산음료 분다버그 레몬, 라임(Bundaberg Lemon, lime) 등이 잘 어울린다. 분다버그 핑크 자몽은 분홍색으로 사랑스러운 분위기를 연출하는 데 좋다.

### 건조 레몬 홍차 제품으로 홍차 우리기

1. 레몬 안에 홍차가 들어 있는 건조 레몬 홍차 제품 한 개를 이용한다.
2. 처음에는 뜨거운 물에 3~5분간 우려 마신다.
3. 우린 후 그것을 다시 800ml 생수에 넣어 8시간 정도 냉침한다. 한번은 뜨겁게, 한번은 차게 두 번 이용한다.

레몬 홍차는 이렇게 통째로 이용해도 되지만 부숴서 혼합하여 몇 번 우려 마셔도 좋다. 레몬 홍차는 왕조차문화연구원에서 구입했는데 한 개당 15g 전후 무게이며 뜨겁게 우려도 되고 차게 우려도 된다.

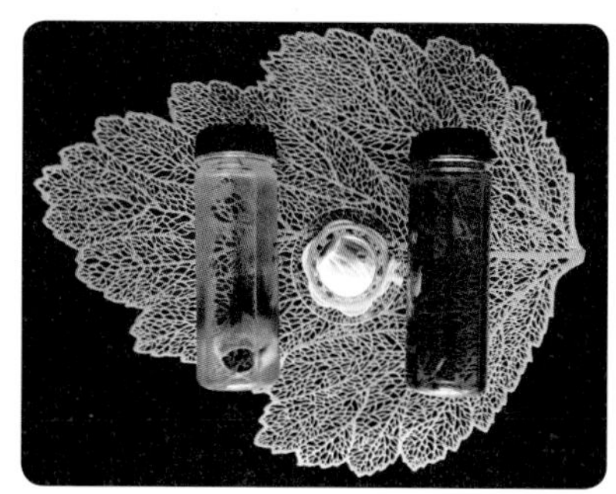

레몬 홍차 냉침

레몬 홍차 세팅. 찻잔: 독일산 PT 티센로이터 바바리아(1960~1970년산)

여름 홍차 자리. 영국산 앤슬리(1940~1950년산)

## 가을 홍차

밀크티는 사계절 다 마시지만 가을에 더 잘 어울린다. 홍차에 우유를 첨가하면 우유의 단백질과 홍차의 탄닌이 결합해 불용성 물질로 되어 홍차의 떫은맛을 제거해주고 탄닌에 의한 위 자극도 없애준다. 그냥 밀크티가 아니라 간단한 거품기를 이용하여 홍차라테를 만들었다. 학생들과 만든 라테를 앤슬리사 찻잔에 담았다. 티포트는 로열우스터(Garden, 1980년대산)이며 티푸드 접시는 파라곤사 것이다. 홍차라테를 만드는 홍차는 BOP가 무난하다.

**홍차라테 만들기**(2인분)(동의대 학부실습)

1. 예열한 티포트에 BOP 홍차 3g을 넣고 열탕 300ml에 3분간 우린다.
2. 차를 우리는 동안 찬 우유를 꺼내 간단한 거품기로 거품을 낸다. 전용 거품기가 없으면 세이크나 핸드 믹스를 이용한다.
3. 우린 차를 거름망으로 걸러 예열한 찻잔에 6할 정도 따르고 우유 거품을 올린다.
4. 계핏가루로 장식한다.

밀크티용 홍차. 찻잔: 영국산 투스칸(1947~1966년산)

가을 홍차 자리. 찻잔과 포트: 영국산 로열 우스터 이브샴 베일(1986년산)

## 겨울 홍차

계절과 상관없지만 겨울철에 좋을 것 같은 마살라 차이(Masala chai, spiced tea)는 홍차에 우유와 인도식 향신료를 함께 넣고 끓인 음료로 인도에서 유래했으나 스리랑카 등 다른 나라에서도 이용한다.

**마살라 차이 만들기**(4~6인분)(동의대 학부실습)

1. 중탕냄비(혹은 서브), 스트레이너, 티포트, 유발 등과 종류별 스파이스를 준비한다. 스파이스류는 계피 한 조각과 카다몬 5개, 통후추 5~8개, 정향 2~3개와 우유 400ml를 준비한다.
2. 찻잎을 사용할 때는 6~8g, BOP 홍차를 사용할 때는 4~5g으로 한다.
3. 전용 밀크팬 혹은 냄비에 물 400ml를 넣고 유발에 적당히 분쇄한 스파이스를 넣

고 끓인다.

4. 충분히 끓인 후 불을 끄고 홍차를 넣어 5~6분 기다린다(스파이스와 같이 넣어 끓이기도 하지만 차는 우린다는 개념으로 불을 끄고 우림).
5. 다시 불에 올린 후 물과 동량의 우유를 넣고 끓어오르면 바로 불을 끈다.
6. 찻잔에 따르고 계핏가루를 뿌리거나 팔각으로 장식한다.

마살라 차이 준비물

찻잔과 접시: 로열 크라운 더비(영국산), 티포트: 새들러(영국산)

**크리스마스용 차이 만들기**(4~6인분)

일본 홍차협회에서 진행하는 행사에 참가해 차이를 만들게 되었다. 차이용 홍차를 스파이스류와 장식용 재료를 혼합하여 미리 만든 후 유리서브를 이용해서 같이 끓였으며 찻잔은 홍차잔보다 훨씬 작은 에소잔을 이용했다.

1. 홍차(잎차 6~8g)를 준비(차이용 홍차는 아쌈이나 딤블라가 무난하나 얼그레이도 괜찮음)하고 향신 재료는 계피, 정향, 카다몬, 달마를 닮은 핑크색 통후추, 생강, 월계수잎(Laurier) 등을 준비하며 크리스마스라 장식할 다른 재료를 곁들인다.

2. 서브(전용 밀크팬이나 법랑냄비를 이용해도 됨)에 뜨거운 물(320ml)을 넣은 후 홍차와 분쇄한 스파이스를 넣고 2분 정도 끓인 다음 뜨겁게 한 우유 320ml를 넣고 스트레이너로 거른다.

3. 에소나 데미잔에 담는다.

마살라 차이 재료

마살라 차이용 홍차 배합

마살라 차이 끓이고 거르기

마살라 차이 완성

마살라 차이에 사용하는 스파이스

위에서부터 시계방향으로 육두구, 계피, 카다몬, 흑후추, 팔각, 정향

### 마살라 차이에 사용하는 주요 스파이스

1. 계피(cinnamon): 향을 부여하며 홍차의 떫은맛을 완화한다. 스리랑카산이 마살라 차이용으로 좋다.

2. 카다몬(cardamon): 생강과 식물의 종자로 향기는 산뜻하지만 약간 자극적이다.

3. 정향(clove): 인도네시아 원산 꽃봉오리로 쇠못 모양으로 생겼다고 하여 클로브라

고 한다. 바닐라와 유사한 향으로 독특한 향이 차이에 잘 어울린다.

4. 육두구(nutmeg): 인도네시아 원산의 종자다. 차이에는 부수어 사용하며 향이 강하여 제외해도 된다.
5. 생강(ginger): 차이의 풍미를 증대하고 쓴맛을 부드럽게 한다. 약효도 있어 겨울철 감기에는 특히 유용하다.
6. 흑후추(black pepper): 인도 남부가 원산지이며 성숙하기 전 열매를 건조시켜 사용한다.

겨울 홍차 자리. 찻잔: 앤슬리사의 골드 도워리(Gold Dowery, 1985~1996년산), 티포트: 프랑스 마리에주 프레르에서 구입

크리스마스 홍차 자리. 찻잔과 티포트: 노리타케(일본산), 슈거볼: 미국의 마크 블랙웰(Marc Blackwell)

# 티푸드

17세기 영국에서 홍차가 시작될 때는 빵과 함께 홍차를 마셨으나 1840년대 워번 애비(Woburn Abbey)에서 애프터눈 티 문화가 생기자 티푸드로 빵, 비스킷, 과일, 샌드위치 등이 제공되었다. 애프터눈 티는 점심과 저녁식사 시간 사이에 홍차와 샌드위치, 스콘, 초콜릿 등 달콤한 티푸드(sweet라고 함) 등을 함께하는 영국식 문화다. 1841년 안나 마리아 공작부인에 의해 유래했다. 영국 빅토리아 여왕 시대(1819~1901)에는 빅토리아 케이크, 오이 샌드위치, 스콘 등이 티푸드로 많이 사용되었다.

스콘은 애프터눈 티가 시작될 무렵에는 사용되지 않았고 몇십 년이 지나 일반 가정에서 티타임을 할 때 시간에 맞추어 직접 가정에서 구워 차와 함께 따뜻하게 냈는데 식으면 아무래도 식감이 퍽퍽하므로 우리나라 사람들은 크게 선호하지 않는 듯하다. 국내 티룸에서는 손님이 왔을 때 따뜻한 스콘이나 쿠키류를 내는 곳도 있다. 영국 해러즈백화점의 티푸드 판매하는 데 가면 쇼트브레드(shortbread)라고 하는 티푸드가 많이 시판되며 일본의 티숍 같은 데서도 흔히 볼 수 있다. 스콘과 쇼트브레드는 홍차의 대표 티푸드라고 할 수 있다. 마카롱이나 마들렌도 티타임에서 자주 볼 수 있다.

빅토리아시대의 차 세팅. 뒤에 있는 긴 실버 포트는 커피포트도 되고 물을 넣기도 한다.

## 홍차와 티푸드의 궁합 이야기

맛있는 티푸드가 있어 홍차를 찾을 수도 있고 맛있는 홍차를 입수했을 때 어떤 티푸드가 어울릴지 생각할 때가 있다. 우선, 홍차 맛과 티푸드 맛이 각각 따로 남아 서로 상승작용을 할 수 있는 조합이어야 한다. 탄닌이 많은 홍차는 버터 첨가 케이크 등 지방이 들어간 티푸드가 좋고 탄닌이 적은 홍차는 대체로 지방분이 적은 티푸드가 어울린다. 특징적인 향기를 지닌 홍차를 마실 때는 티푸드 선택도 중요한데 감귤류 향이 나는 얼그레이 홍차를 마실 때 과일이 함유된 케이크는 좋지 않다. 과일 향을 즐길 수 없기 때문이다. 훈연 향이 나는 홍차를 마실 때 생크

3단 트레이에 담겨 있는 티푸드.
3단 트레이: 로열앨버트(2014년산)

림이 함유된 케이크를 준비하는 것도 같은 의미에서 좋지 않다. 단맛이 강한 티푸드를 선택할 때 홍차에 설탕을 많이 넣는 것은 피한다. 향기가 좋은 홍차는 맛이 가벼운 티푸드를 선택한다.

19세기 말 애프터눈 티를 야외에서 즐길 때 목제로 만든 3단 트레이가 등장했는데, 이것을 영국에서는 3티어드(Three Tiered)라고 한다. 20세기에는 티룸이 생겨 테이블 위에 놓을 수 있는 실버 플레이트 또는 스테인리스를 사용한 2단 트레이가 놓였다고 한다. 현재 각 나라 호텔이나 고급 티룸에서는 3단 트레이가 애프터눈 티의 상징처럼 사용되고 있다.

3단 트레이에서 제일 아래를 1단이라고 하며 보통 샌드위치와 스콘이 들어간다. 2단에는 치즈케이크 등 케이크류가, 맨 위 3단에는 쿠키류(마카롱 등), 마들렌, 무스와 초콜릿 등이 놓이지만 정해진 것은 없다. 티푸드를 먹을 때 차가운 것이나 따뜻한 것이 있으면 온도가 변하기 전에 먼저 먹는 것이 좋으며 1단(밑단)에서 위로 올라가는 순서로 놓는다. 나라마다 3단 트레이를 메우는 티푸드는 차이가 있을 수 있다.

영국 해러즈백화점 티푸드 매장

### 스콘

스콘(scone)은 스코틀랜드에서 유래한 쇼트케이크에 팽창제가 추가되어 포슬포슬한 식감을 내는 빵을 말하며 홍차를 마실 때 대표적인 티푸드다. 스트레이트 홍차나 밀크티에도 모두 어울린다. 영국에서는 스콘을 나이프로 자르지 않고 가능하면 손으로 자른다. 따뜻하게 내오기 때문에 가능하다. 위로부터 좌우로 자르는 것은 금물이며 상하로 잘라야 한다. 스콘의 어원은 성스러운 돌이므로 나이프를 사용하면 안 된다는 것이다. 스콘 크기가 크거나 식어서 손으로 잘 자르지 못할 때는 부득이하게 나이프를 사용하는데 상하로 칼집을 넣은 후 손으로 자른다. 영국인은 차와 함께 클로티드 크림이나 잼을 발라먹는데 순서는 잼을 먼저 바른 후 크림을 바른다. 크림이나 잼을 사용한 스콘은 가향차에도 잘 어울린다.

영국 리버티백화점 티룸의 스콘

포터넘 앤 메이슨 티룸의 잼과 클로티드 크림

### 클로티드 크림 이야기

이 크림은 저온살균법 처리를 거치지 않은 우유를 가열하면서 얻은 노란색의 빽빽한

크림이다. 가열 후 몇 시간 동안 깊이가 얇은 팬에다 놔두면 크림 내용물이 표면으로 일어나 덩어리(clots)를 형성한다. 클로티드 크림(clotted cream)은 일반적으로 딸기잼과 함께 스콘에 발라 먹는다. 영국 데번주와 콘월주에서 주로 생산된다(위키백과).

### 쇼트브레드

스코틀랜드에서 유래한 전통과자로 버터 풍미를 가지며 박력분을 사용하므로 글루텐 함량이 적어 바싹하고 연한 질감이 나서 쇼트브레드(shortbread)라고 한다. 홍차와 잘 어울리므로 영국이나 일본에서 흔히 볼 수 있다. 레몬으로 향을 살릴 수도 있고 일본의 카렐차펙 차 브랜드에서는 견과류를 넣어 여러 가지 맛으로 응용했다. 모든 홍차에 잘 맞지만 특히 아쌈과 잘 어울린다.

영국의 쇼트브레드

켄싱턴궁 안의 선물가게에서 구입한 티푸드

일본 카렐차펙의 쇼트브레드

오스트레일리아의 마카다미아 쇼트브레드

## 마카롱

마카롱(macaron)은 프랑스 일부 지방을 대표하는 고급과자이며 13세기경 이탈리아 베니스의 마카로네라라고 불리는 아몬드 과자에서 유래했다. 16세기 메디치가의 딸이 프랑스 국왕에게 시집 올 때 데리고 온 요리사가 소개했다고 하며 프랑스의 라뒤레(1862년 오픈)라는 과자점은 20세기 초 마카롱 두 개 사이에 크림을 넣어 판매하기 시작하여 유명해졌다. 다즐링이나 우바 잎차를 스트레이트로 했을 때 잘 어울린다. 파리 샹젤리제 거리에 라뒤레(Laduree) 본점이 있다.

홍콩 TWG의 마카롱

일본 루피시아 본점의 마카롱

## 마들렌

마들렌(madeleine)은 프랑스 북동부 코메르시(Commercy)에서 유래한 전통과자이며 조개 모양의 작은 케이크다. 카스텔라처럼 부드러우며 버터와 레몬 맛이 난다. 색깔이 연한 것과 갈색빛이 나는 것이 있다. 실론 홍차에 무난하다.

부산 옵스제과의 마들렌

### 비스킷, 쿠키, 비스코티

영국에서는 쿠키(cookie)를 비스킷(biscuits)이라 하고 미국에서는 쿠키, 이탈리아에서는 비스코티(biscotti)라고 한다. 미국에서 비스킷은 작은 퀵 브레드(quick bread)를 말하며 팽창제를 사용한다. 비스킷은 일반적으로 짭짤하거나 단맛이 나며 질감은 부드럽고 가볍다. 영국에서는 주로 납작하고 얇은 쿠키나 크래커를 가리킨다. 비스킷의 어원은 프랑스어(두 번 조리된)다.

비스킷은 품질 좋은 싱글 오리진 잎차이면 어느 것이나 어울리는데 같이 먹으면 과하지 않은 홍차의 맛이 비스킷의 맛을 한층 느끼게 해준다. 일본에서도 판매하는 영국산 그렌드마 와일즈 비스킷은 역사가 깊은데 식감이 다소 딱딱하나 매우 맛있다. 두 번 구워 식감이 딱딱한 것이 특징이다. 국내 그레인스 쿠키(www.grains.co.kr)는 다양한

영국산 그렌드마 와일즈 비스킷

스페인의 유기농 비스킷

국내의 그레인스 비스킷

이탈리아의 비스코티

프랑스산 비스킷들

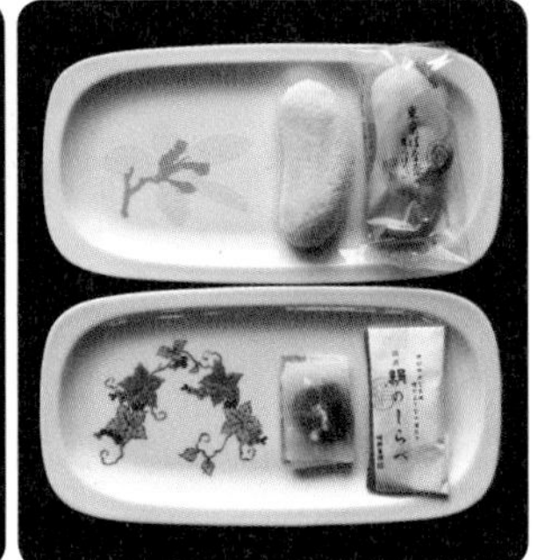
일본 과자인 도쿄바나나

디자인과 맛으로 구성되어 있다. 아몬드 쿠키는 밀크티에 어울린다. 쌀과자처럼 딱딱하고 구수한 쿠키는 실론차나 케냐의 스트레이트 홍차와 어울린다.

프랑스의 필레블루(Filet Bleu)는 1920년 문을 연 제과회사로 레몬과 아몬드가 들어 있는 시트론 샤브레는 새콤하고 고소한 맛을 내지만 촉감이 다소 거친 비스킷이다. 샤브레 베르 프레르는 일종의 쇼트브레드다.

풀앤피파(Paul&Pippa)는 스페인의 유기농 비스킷으로 올리브오일을 사용했다. 라임 비스킷은 신맛이 강하고 코코넛 비스킷은 무난하다.(www.paul and pippa.com) 태국에는 망고를 비롯한 건과일이 많은데 전통과자류도 많다. 검은깨를 의외로 많이 사용하는데 검은깨와 캐슈넛(Cashew nut)을 이용한 귀여운 과자(Ms. KA-NOM, EKARATCO., LTD.)를 방콕에서 구입했는데 스콘처럼 다소 퍽퍽한 식감에 고소했다.

태국의 전통과자

## 도넛

최근에는 도넛 모양도 다양하지만 전형적인 도넛은 원형의 고리 모양이다. 일반적으로 이스트나 베이킹파우더로 부풀리며 굽기보다는 기름에 튀기는 경우가 많다. 도넛은 맛이 농후한 아쌈과 잘 어울린다. 아쌈의 탄닌 덕에 도넛을 먹은 입안이 산뜻해진다.

스페인의 도넛들

## 케이크

달콤한 맛이 나는 구운 과자류로 일반적으로 밀가루, 설탕, 향신료, 달걀 또는 베이킹파우더 같은 팽창제를 넣는다. 치즈케이크는 다즐링, 닐기리, 얼그레이와 어울린다. 카스텔라나 스펀지케이크는 다즐링, 실론 홍차에 어울리며 아쌈의 밀크티에도 무난하다.

도쿄 마리에주 프레르점의 케이크

## 푸딩, 슈크림

달콤한 맛이 나는 영국식 디저트용 푸딩(pudding)이나 슈크림처럼 지방분이 있고 달콤한 것은 떫은맛이 나는 아쌈이나 우바의 밀크티, 캐러멜맛이 나는 가향차와 함께하면 어울린다.

일본 루피시아 본점의 슈크림 등

## 터키의 로쿰

터키 과자 로쿰(Lokum)은 영어로는 터키시 딜라이트(Turkish Delight)라고 한다. 전 세계 사람들이 죽기 전 먹어야 할 과자로 알려져 있을 만큼 유명하다. 로쿰은 설탕에 전분(콘스타치)을 기본으로 하고 견과류(아몬드, 파스타치오, 땅콩, 헤즐넛과 코코넛)를 더한 터키 과자다. 코코넛은 직접 과자에 넣기도 하고 과자 표면에 가루를 버무리기도 한다.

터키에서 로쿰을 네 종류 구입하게 되었다. 왼쪽 두 종류는 견과류가 들어간 것으로 첫 번째 것은 파스타치오, 땅콩, 아몬드, 헤즐럿이 첨가되었고 코코넛가루를 묻혔는데 쫀득하고 달았다. 두 번째 것은 파스타치오와 헤즐럿, 코코넛에 바닐라향이 첨가되었는데 설탕을 녹인 맛이 지나치게 달았다.

오른쪽 첫 번째 것은 과일맛인데 오렌지, 레몬, 장미를 가향했고 건조 코코넛에 굴려 만들었는데 색깔별로 향미가 달랐다. 두 번째 것은 터키에서 유명한 브랜드인 헤이저 바바(HazerBaba)사 것인데 꿀을 사용했고 믹스한 너츠류를 넣었으며 역시 코코넛가루로 버무려 만들었다. 단맛이 강하고 끝에 장미 향이 있었다.

터키 과자 로쿰들

### 헤이저 바바사 이야기

이 회사는 터키에서 코스카(Koska)사와 1, 2위를 다투는 라이벌 관계 회사다. 터키에서 로쿰이나 차류를 판매하는 것을 볼 수 있다. 로쿰 포장에는 "이 회사는 순수한 터키 생산품인 로쿰을 아나톨리아(Anatolia)에서 18세기에 유럽에 소개했다. 그 이후 터키시 딜라이트라고 하는 세계적 과자류가 되었다. 기본재료에 바닐라 향이나 장미향을 첨가하며 젤라틴과 글루텐이 없어 채식주의자를 위해서도 적합하다"라고 적혀 있다. 이 회사는 1986년부터 로쿰을 해외에 수출하며, 홍차도 판매하고 다양한 허브류도 판매한다. 터키에서는 각종 견과류도 홍차와 함께 먹는 티푸드다. 해바라기씨는 터키인들이 엄청 즐기는 견과류다.

초콜릿도 홍차를 마실 때 3단 트레이의 3단에 몇 개 얹거나 해서 티푸드로 사용할 때가 있다.

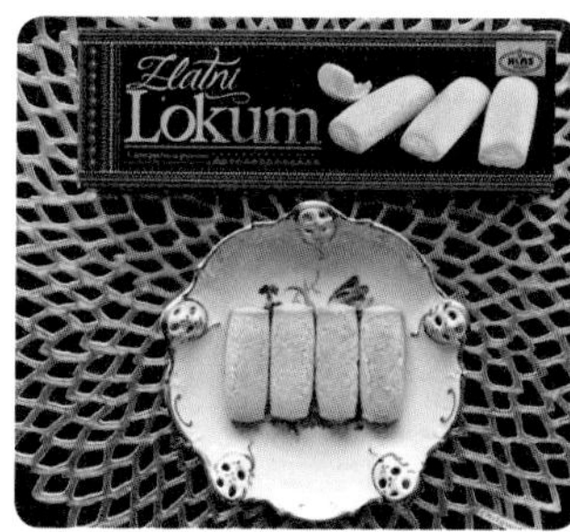

터키 쿠키와 로젠탈 접시

세 가지 맛이 나는 스위스 초콜릿과 앤슬리 접시

터키 견과류와 터키 볼

#### 홍콩 스타벅스의 월병

시애틀에 본사가 있는 스타벅스는 1971년 개점한 커피전문점이나 하워드 슐츠(Haward Schultz)가 인수하면서 세계적인 기업이 되었다. 홍콩 스타벅스에서 온 월병

(月餠, 중국 과자)은 포장이 특이하다. 다 먹고 나서 불을 넣어 활용할 수 있다. 월병도 홍차의 티푸드로 잘 어울린다.

스타벅스 월병과 프랑스산 하빌랜드 접시

### 스리랑카 전통 티푸드

스리랑카 가정의 전통 티푸드들

영국이 지배할 때부터 있었던 누와라엘리야의 그랜드호텔 뷔페 같은 데는 엄청나게 화려한 디저트가 많지만 생략하고 가정집을 방문했을 때 대접받은 티푸드를 두 종류 소개한다. 네모진 것은 코코넛과 쌀가루 등 곡류를 쪄서 야자나무 수액을 졸여 만든 액체에 버무린 것으로 매우 달다. 나뭇잎에 싸여 있는 것 역시 콩 혹은 곡류가루를 쪄서 만든 것으로 향기가 나는 나뭇잎에 감쌌다. 가정집에서 직접 만드는데 간식거리도 되고 손님이 오면 홍차와 함께 내놓는다.

# 차도구들

## 차도구와 관련 아이템

### 티 테이블 코디네이트

테이블 웨어(Table ware)는 식기, 식탁용 나이프, 포크, 스푼 등을 지칭하는 커트러리(cutlery), 유리잔, 냅킨, 식탁보, 꽃과 촛대 등 테이블을 장식하는 모든 아이템을 말한다. 그중 도자기로 되어 있는 식기류는 차이나 웨어(China ware)라고 하며 차만 마시는 식탁은 티 테이블 웨어라고 한다.

특히, 애프터눈 티 문화의 발상지인 영국에서는 점심과 저녁 사이에 홍차와 함께 샌드위치, 스콘, 과자류 등을 먹는 데 티 웨어가 중요하다. 이때 홍차와 음식을 즐기는 것뿐 아니라 일종의 사교의 장이 된다. 홍차를 실용적으로 마실 수도 있고 격식을 갖출 때도 있다. 그래

프랑스식 커트러리는 포크와 나이프를 뒤집어놓음

티 웨어 세팅의 기본. 찻잔은 영국산 투스칸이고 유리잔은 체코산

서 영국의 애프터눈 티를 하는 것처럼 차도구와 소품들을 다 갖출 필요는 없지만 티 테이블 혹은 애프터눈 티 세팅을 위한 차도구로 이전부터 지금까지 즐겨 사용하는 것들, 사라져버린 것들을 설명하겠다.

차도구에는 티포트(Tea Pot, 다관), 케틀(Kettle, 주전자), 찻잔과 소서(Cup&Saucer, 찻잔받침), 밀크저그(Jug, Creamer), 슈거 볼, 물을 따르는 귀때가 달린 그릇(Pitcher), 식탁보, 냅킨, 티코지(Tea Cozy), 차거르개(Tea Strainer), 디저트 접시, 모래시계, 티백 레스트(Rest), 티캐디 스푼, 티캐디 박스(혹은 보관함), 냅킨, 티타월, 커트러리(Cutlery) 등이 있다.

### 티포트, 커피포트, 초콜릿 포트

티포트(Tea Pot)는 차를 우려내는 것이다. 영국인에게 실버 티포트는 왕실과 귀족 문화의 상징이었다. 실질적으로 홍차를 티포트에 넣기 때문에 예나 지금이나 도자기

재질이 무난하다. 영국에서 티포트를 제조하는 회사는 많지만 영국 티포트의 명가로 불리는 새들러(SADLER)가 유명하다. 로열 윈튼(Royal winton)에도 특이한 티포트가 많다. 통상 홍차 포트와 커피포트를 구별하는데 홍차 티포트는 대체로 둥글며 키가 낮고 커피포트는 키가 크다. 티포트가 둥근 이유는 점핑(jumping)이 잘 일어나도록 하고자 하는 것이다.

점핑은 티포트 안의 찻잎들이 대류현상을 일으키도록 만드는 것을 말하는데 점핑 현상이 잘 일어나게 하려면 물을 힘차게 따라 넣어야 한다. 물을 힘차게 부으면 물속에 공기가 많이 들어가기 때문에 홍차 맛도 더 좋아진다. 유럽에서는 초콜릿 포트를 따로 구별하는데 포트 사이즈가 크든 작든 액체가 나오는 입구가 위에 붙어 있는 것은 초콜릿 포트라고 한다.

독일 바바리아 지역 티포트들

헝가리 헤렌드와 일본 노리타케 티포트

초콜릿 포트

프랑스 리모주 초콜릿 포트, 슈거 볼, 밀크저그

미국 레녹스 티포트, 슈거 볼, 밀크저그.
1889년 디자인된 것을 한정판으로 재생산

프랑스 티포트. 필리뷰이(1980년산)

금속소재 커피포트,
슈거 볼, 밀크저그. 오스트리아 앤티크

빙앤그뢴달 크리스마스 로즈 커피포트

금속소재 티포트,
슈거 볼, 밀크저그. 독일 앤티크

영국산 티포트들

좌: 블루 플라워, 우: 블루 플루티드 플레인, 덴마크 로열 코펜하겐

### 특이한 티포트

티포원(Tea for one, 찻잔과 포트 일체형, 1인용)

티포원은 찻잔과 포트가 일체형으로 되어 있어 간편하게 혼자 홍차를 즐길 때 유용하다. 이것은 영국 앤슬리사 코티지 가든(Cottege garden)이다.

스태킹(Stacking)은 쌓는 것을 말하는데 이 세트는 티포트, 슈거 볼, 밀크저그가 쌓아 올려져 있으며 찻잔은 따로 있다. 100년도 넘은 프랑스의 앤티크이지만 그림 디자인이나 모든 것이 세련되었다.

스태킹 세트(프랑스 리모주, B&G, 1912년산)

아래의 스태킹 세트는 티스트레이너가 포트와 일체형으로 되어 있다. 전체적으로 크기가 크고 다소 불편하게 되어 있어 현재는 생산되지 않는다. 같은 찻잔을 준비하여 스트레이너에 잎이 큰 실론 홍차를 우려본 모습이다.

스태킹 세트. 티스트레이너와 포트 일체형, 독일 올드 로젠탈

스태킹 세트 해체. 티스트레이너와 포트로 분리

웨지우드 제스퍼 웨어 티포트는 1990년대 300개 한정판(No. 069)으로 생산된 것이다. 이름은 이집티언(Egyptian) 티포트다. 인증서 카드와 함께 전 CEO 로드 웨지우드(Lord Wedgwood, 2014년 작고) 친필사인이 있다. 이 컬러는 제스퍼 웨어 중 드문 컬러다.

박물관 티포트 이름의 유래를 알게 된 것은 영국 런던에 있는 빅토리아앤앨버트뮤지엄을 방문했을 때다. 웨지우드 한정판 티포트는 1800년도 이집트산 티포트에서 모티브를 얻었다는 것을 알게 되었다. 손잡이와 뚜껑 주름이 똑같은데 이집트산은 뚜껑 꼭지에 악어도 있고 더 정교하다. 고대 이집트에서 악어는 다산과 풍요를 상징했다.

웨지우드 한정판 티포트

웨지우드의 한정판을 닮은 박물관 티포트

독일 마이센의 화려한 티포트, 빅토리아앤앨버트뮤지엄(1737년산)

빅토리아앤앨버트뮤지엄에 소장되어 있는 티포트를 재현한 영국 프랭클린 민트(The Franklin Mint)사의 미니어처들. 위쪽부터 시계방향으로 베니스, 영국 보우사, 독일, 프랑스, 영국 로열 우스터사, 프랑스, 한가운데는 일본산

## 슈거 볼

뚜껑 있는 슈거 볼들

슈거 볼(Sugar Bowl)은 설탕을 담는 작은 그릇으로 동서양을 막론하고 처음에는 슈거 볼을 비교적 크게 만들었다. 설탕이 귀했기 때문에 슈거 볼이 크다는 것은 부를 상징했다. 가끔 앤티크에서 밥공기만 한 슈거 볼을 보기도 한다. 각설탕을 사용할 때는 슈거 텅(Sugar Tongs, 설탕집게)을 썼다.

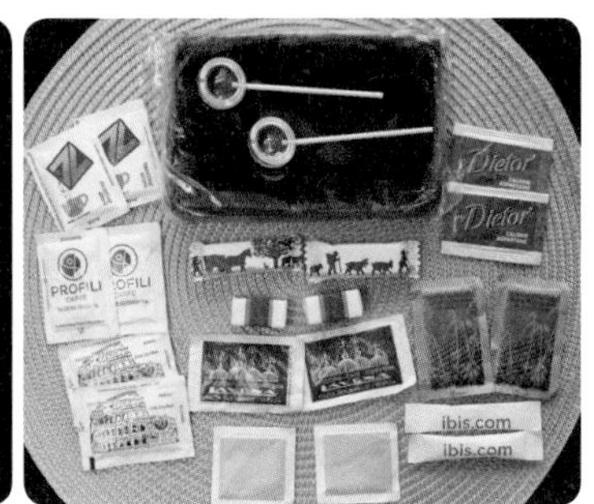

뚜껑 없는 슈거 볼과 올드 영국식 슈거 박스 / 각종 설탕과 대용품

## 밀크저그

밀크저그(Milk Jug)는 홍차에 넣을 우유를 담는 그릇을 말하며 밀크 피처(Pitcher) 혹은 크리머(Creamer)라고도 하는데 재질이 다양하다. 우리나라 백화점 팸플릿에는 저그기라고 되어 있다. 통상 따르기 쉽도록 되어 있지만 네덜란드 델프트(Delft)사 것에는 젖소 모양으로 만든 유니크한 저그도 있고 영국의 어떤 티룸에서는 목장 우유병 같은 것을 그대로 사용하기도 한다.

밀크저그들

델프트의 동물 모양 저그

### 케틀(주전자)

현대에는 전기로 된 가열 포트가 잘 구비되어 주전자는 차 생활에 크게 필요하지 않게 되었다. 그러나 분위기를 내기 위해 법랑 등으로 된 주전자를 이용해도 괜찮다. 영국 빅토리아 왕조까지는 부엌이 지하에 있어 지상에 두는 주전자는 부유한 집에서는 알코올램프가 부착된 실버 케틀 혹은 카퍼(동) 케틀을 사용했다. 영국 빅토리아앤앨버트뮤지엄에서 그때 사진을 볼 수 있었는데 차와 커피의 케틀이 다른 모양이었다.

티포트와 마찬가지로 티 용도로 사용하는 주전자는 둥글고 커피용은 키가 컸다. 커피 주전자는 커피를 끓이는 데 혹은 물을 끓이는 데 사용한다는 설명이 있었다. 이것들은 현재 거의 사용하지 않으나 가끔 그 당시를 재현하는 티 테이블을 코디할 때 이용한다.

좌: 핀란드(1950~1960년산), 우: 영국 앤티크 구리 주전자 (코츠월드 앤티크숍 구입)

영국 앤티크 실버 티 주전자. 빅토리아앤앨버트뮤지엄(1730~1731년산)

영국 앤티크 커피 주전자. 빅토리아앤앨버트뮤지엄(1743~1744년산)

장식장에 있는 차 주전자들(스리랑카 그랜드 호텔 로비)

## 빅토리아앤앨버트뮤지엄 이야기

빅토리아 여왕 시대에 만국박람회 전시품을 중심으로 전시되어 있는 규모가 매우 큰 박물관이다. 일본책에서 본 안내문에 앤티크 그릇은 7층에 있다고 해서 10시 문 여는 시간에 맞추어 무료로 입장하니 자원봉사자가 있었다. 7층으로 안내를 부탁하니 7층에는 앤티크 그릇이 없다며 6층으로 안내해주었다. 영국에서는 1층을 지상층(G층)이라고 하여 카운트하지 않는다는 것을 잊었다.

빅토리아앤앨버트뮤지엄 입구

6층 문을 열고 들어가니 일본책에서도 표현한 바 있는데, 나라별·시대별로 잘 정리된 차도구들에 압도되었다. 사진 촬영이 허락되어 카메라로, 폰으로 열심히 사진을 찍었다.

차도구에 대한 설명까지 잘 찍어와 귀국해서 찬찬히 보니 도움이 많이 되었다. 뮤지엄 안 티룸과 선물가게도 방문했는데 티룸에서 젊은이들은 간단히, 어르신들은 티푸드와 홍차 세트를 다 갖추어 느긋하게 마셨다. 혹시 선물가게에서 앤티크 차도구를 팔까 기대했는데 없어서 아쉬웠다.

### 찻잔과 찻잔받침(Tea cup and Saucer)

홍차잔은 색깔과 향기를 즐기라고 대체로 높이는 낮고 립 라인이 넓은 형태다. 홍차잔에는 안에 그림이 있는 경우가 있고 커피잔에는 대체로 밖에 그림이 많은 점도 차이라면 차이다. 찻잔을 고를 때 홍차의 예쁜 색을 보기 위해 가능하면 내부가 희거나 무늬가 있더라도 전체를 덮은 찻잔은 피하고자 했다.

#### 웨지우드의 피오니 타입과 리 타입 이야기

홍차잔과 커피잔을 구별하기도 하는데 통상 홍차잔은 립 라인이 넓고 키가 낮은 형태(웨지우드에서는 피오니(Peony) 타입이라고 한다)다. 반면, 커피잔은 커피 종류에 따라 용량을 달리하지만 웨지우드에서 리(leigh) 타입은 주로 커피를 마시는 잔이다. 리 타입은 립 라인이 피오니보다 좁고 키가 높은 형태로, 아래로 내려가면서 경사가 가파르다. 커피잔은 색깔에 구애받지 않으며 경사가 있고 높아 향기를 오래 보유할 수 있다.

좌: 웨지우드의 피오니 타입, 우: 리 타입

## 에이본 쉐입과 몬트로즈 쉐입 이야기

찻잔을 소개한 일본책(참고자료 2)과 우리나라 번역서(참고자료 13)에는 웨지우드의 피오니 타입처럼 찻잔의 립 라인이 넓고 키가 낮은 찻잔을 로열앨버트에서는 에이본(Avon) 쉐입(찻잔 지름 10cm, 높이 6cm, 소서 지름 14cm)과 립 라인이 좁고 키가 높은 형태의 몬트로즈(Montrose) 쉐입(찻잔 지름 9cm, 높이 7cm, 소서 지름 14cm)으로 나누어 홍차를 마실 때 차이점을 과학적으로 재미있게 설명했다.

에이본 쉐입은 향과 색을 즐기기는 좋지만 찻잔을 기울이는 각도가 낮아 쓴맛을 더

좌: 로열앨버트의 몬트로즈 쉐입. 위에서 시계방향으로 모스 로즈(Moss rose), 올드 컨트리 로즈(Old country rose), 라벤더 로즈(Lavender), 기념 장미(Centennial rose) 찻잔이다.
우: 로열앨버트의 에이본 쉐입

느끼게 되고(떫은맛이 강한 브로큰 혹은 CTC 홍차는 적합하지 않다고 함) 몬트로즈 쉐입은 마실 때 찻잔 각도가 크게 되어 쓴맛을 많이 느끼기 전에 목으로 넘어간다고 한다. 향기는 좀 오래 갈 수 있는 장점이 있다고 한다.

분광학적 원리에 따라 같은 홍차라도 찻잔 높이에 따라 찻물 색깔이 다르다. 똑같은 조건에서 우린 홍차를 찻잔 립 라인과 높이가 다른 세 종류 찻잔에 담았는데 깊이가 있는 찻잔은 색깔이 확실히 진하게 보였다.

찻잔의 높이와 찻물 색깔 변화(좌: 높이 6.5cm의 스리랑카산 찻잔, 중간: 높이 4cm의 TWG 전용 찻잔, 우: 높이 5.5cm의 독일 찻잔)

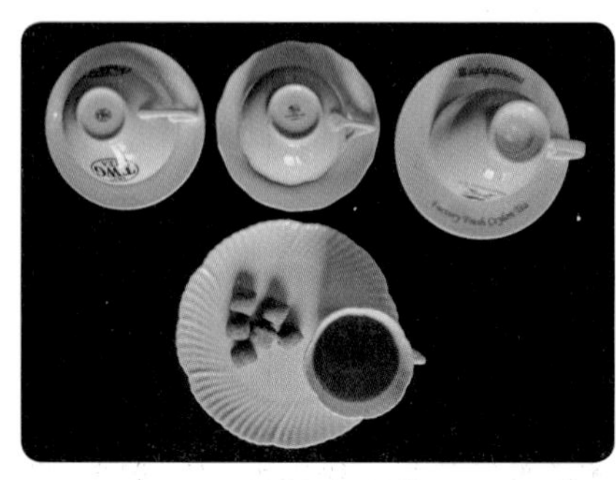

좌: 높이가 다른 흰색 찻잔들
우: 스리랑카 샌클레어스 전용 가게에서 사용한 홍차잔

## 티볼(Tea Bowl) 이야기

유럽에 차가 처음 들어올 때는 음료라기보다 약으로 취급했을 정도로 귀하게 여겼으므로 17세기에 중국의 작은 찻잔이 받침 없이 들어와서 받아들여졌다. 그 이후 찻잔은 차가 제일 먼저 들어온 네덜란드에서 만들었는데 찻잔은 볼 모양으로 작았고 찻잔받침은 요리접시처럼 오목했다. 이 잔은 손잡이가 없었으므로 뜨거운 차를 오목한 찻잔받침에 부어 마셨다. 이것이 유럽의 다른 나라로 전파되었다. 17세기 말에 손잡이가 있는 찻잔이 만들어지고 찻잔받침도 납작해졌다. 차도 더는 귀하지 않게 되어 찻잔 크기도 다양해졌다.

로열 우스터의 초기 티볼과 소스(1780년경). 백마크에 초승달 모양이 그려져 있다.

독일 마이센의 티볼. 이때는 찻잔받침에 차를 부어 마시는 일이 사라졌는데 옛날 방식을 재현한 듯하다.

빅토리아앤앨버트뮤지엄의 티볼. 영국 첼시(1770~1783년산)

## 잔 종류별 크기

큰 사이즈 찻잔의 지름은 190~200ml, 보통 사이즈는 180ml, 커피잔은 170ml이고 데미 타세(Demi-Tasse, 데미는 절반, 타세는 한 잔이라는 이탈리아어)는 데미잔이라고 하여 80ml를 말한다. 에소잔(에스프레소잔)은 30~40ml 용량이나 브랜드마다 용량이 약간 다를 수 있다. 홍차에서 데미잔과 에소잔은 별 쓸모가 없는 듯하나 인도와 달리 일본에서

데미잔들

각 나라의 에소잔. 위에서부터 시계방향으로 덴마크 블루 플라워, 영국 로열 첼시, 핀란드(1929~1964년산), 독일 마이센, 터키, 스웨덴, 슬로베니아, 이탈리아 리처드 지노리, 이집트의 잔

빅토리아시대 찻잔들

는 에소나 데미잔에 마살라 차이를 담아 마신다.

### 러시아 찻잔들

뒤쪽 머그잔은 최근 모스크바공항에서 구입한 머그잔들이며 앞의 홍차잔과 에소잔은 연방시대 수출용이다. 중간에 홍차를 담은 찻잔은 로모노소프의 클래식 잔(1930~1991년산)으로 러시아 임페리얼 포슬린이며 디자이너이자 장인인 슬라비아(N. Slavina) 작품이다.(출처: 블로그 올드스쿨)

### 머그컵(머그잔)

뉴욕에서 시작된 티백(1903)이 50년 후 처음 영국에 왔을 때 영국인 3% 정도만 티

영국의 기념 머그컵. 왼쪽부터 1953년 2월 엘리자베스 여왕 즉위식 기념컵, 1953년 4월 엘리자베스 여왕 즉위식 이후 영연방국가 투어 기념컵, 1981년 크리스마스 기념 한정판(영국 웨지우드 제스퍼웨어 블루)

현명한 머그컵. 영국 옥스퍼드대학교 기념잔, 박사학위를 받았던 일본 도쿄대학 잔, 석사학위를 받았던 일본 오차노미즈 여자대학 잔

백을 이용했다. 2000년 이후에는 거의 96%가 티백을 즐긴다. 티백을 마실 때는 통상 홍차잔보다는 머그컵을 많이 이용한다. 영국에서는 왕실 기념 한정 머그컵이 자주 판매된다.

편리한 머그컵. 좌: 프랑스산으로 잔은 유리 재질, 우: 일본산으로 법랑 재질

### 초콜릿잔

유럽에서는 초콜릿 포트가 따로 있듯이 잔도 다르다. 즉, 커피잔보다 좁고 키가 큰 것을 사용한다. 필자가 가지고 있는 잔 중에서는 러시아 로모노소프(1930~1991년산)가 가장 어울리는 것 같았고 오른편에 있는 사진은 영국산(레프톤 차이나) 초콜릿잔이다.

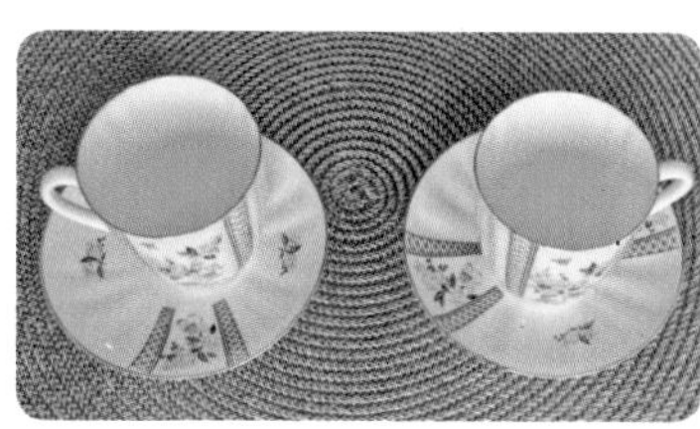

초콜릿잔 대용

초콜릿잔(영국산)

### 스월 찻잔

스월(swirl)은 소용돌이, 회오리라는 뜻으로 찻잔 모양이 돌아가면서 회오리 모양이다.

위에서 시계방향으로 앤슬리사, 민튼(1912~1950년산), 민튼의 데인티 스프레이(Dainty sprays, 1951~1970년산)

### 찻잔에서 듀오, 트리오, 4피스, 5피스

듀오(Duo)는 찻잔과 찻잔받침(소서라고 함)으로 구성되어 있다. 트리오(Trio)는 듀오에 앞접시(샐러드 접시라고 함)가 추가된다. 듀오와 트리오는 앞의 사진에서 많이 나타냈다. 4피스에는 접시 한 개(샐러드 접시보다 작은 브레드 접시)나 서빙 플레이트(플래터라고도 함)가 추가된다. 5피스에는 4피스에 디너 접시가 추가된다. 잔을 제외한 접시 크기는 소서, 브레드, 샐러드, 디너 순으로 크다. 영국 빅토리아앤앨버트뮤지엄에는 벽면에 다양한 접시를 걸어놓고 용도를 설명하는 코너가 있다.

4피스. 로열 크라운 더비(1950년대산) 트리오와 디너 플레이트로 4피스

쉘리 친즈 Primrose(앵초꽃) 트리오(1945~1966년대산)와 귀달이 접시(Handled dish)로 4피스

## 친즈 이야기

친즈(Chintz)는 본래 면직물 가공 방법을 나타내는 힌두어이며 그렇게 가공된 문양 염직물(친즈 패브릭)을 뜻하기도 한다. 일본에서는 갱사(更紗)라고 하며 밝은색 꽃무늬로 날염한 것을 일컫는다. 영어에서는 'Spotted'라고 하여 얼룩덜룩한 무늬를 일컫는데 도자기에서는 주로 꽃무늬를 친즈라고 한다.(http://www.royalwinton.co.uk/about-us/the-royal-winton-story/)

좌: 친즈 쉘리 찻잔, 록 가든(Rock garden, 1945~1966년산),
우: 친즈 1인용 티포트. 영국에서 티포트로 유명한 로열 윈튼의 서머타임(Summer Time)

## 귀달이 접시(Handled Dish)와 핀디시 이야기

영국에 처음 홍차가 들어왔을 때는 공복에 차를 마시면 건강을 해친다고 생각하여 티타임에는 빵과 같이 마셨는데 빵을 놓을 수 있는 플레이트가 생겼다. 30cm 정도 크기로 손잡이가 양쪽에 붙어 있고 버터도 함께하여 브레드와 버터 플레이트(B&B 플레이트)라고 한다. 본래 애프터눈 티용 세팅을 위해 만들어졌다. 핀디시(Pin Dish)는 크기가 아주 작은 접시인데 이전에는 실제로 바느질하는 바늘을 담았다고 한다. 현재는 티백 레스터 대용으로 하거나 여러 가지 용도의 보조로 사용된다.

좌: 핀디시(로열 코펜하겐), 우: 이마리 귀달이. 왼편: 앤슬리(1905~1910년산), 오른편: 로열 크라운 더비 2451(1978년산)

### 3티어드 혹은 3단 트레이

영국 빅토리아시대의 일반적 모습은 실버로 된 플레이트에 음식을 서빙했다. 영국에서 19세기 말에 야외에서 애프터눈 티를 즐기기 위해 키가 큰 목제 3단 티어드(Three Tiered)가 생겨났다. 20세기에는 티룸에서 주로 사용하게 되었고 키를 줄여 식탁 위에 놓게 되었다. 3단 트레이를 기본으로 하나 2단도 있고 1단도 있다.

부산 조선비치호텔 티룸의 3단 티어드

일본산 노리타케의 2단 티어드

3단에는 아래층에 샌드위치, 중간에는 생과자, 위에는 구운 과자를 기본으로 하는데 스콘은 구운 과자에 해당한다. 재질도 나무에서 실버나 스테인리스로 만들게 되었다. 일본에서는 3단이 애프터눈 티의 상징이 되었다. 최근에는 3단에 티푸드를 공식대로 올린다기보다 나라마다 다르고 장소마다 다르기 때문에 구할 수 있는 것으로 자연스럽게 차리면 좋다.

### 티 캐디 스푼(Tea Caddy Spoon)

차통이나 박스에서 차를 덜어내는 스푼이며 일반 티스푼보다 조금 크다. 통상 2~3g 정도 계량된다. 티 매저(measure) 스푼이라고도 한다.

### 티백 레스트

티백 레스트(Teabag Rest)는 티백을 우린 후 건져내 얹어놓는 도구다. 티백 트레이(Teabag Tray)라고도 한다.

티 캐디 스푼

티백 레스트

### 스푼 레스트

스푼 레스트(Spoon Rest)는 스푼을 얹어두는 도구다.

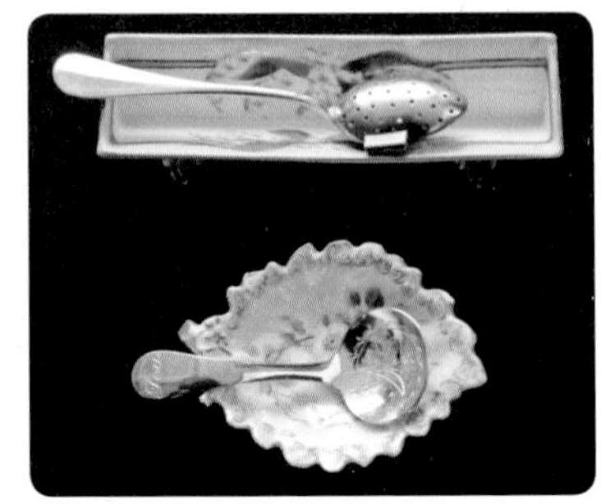
빅토리아시대의 큰 스푼 레스트(1900년대산)와 작은 스푼 레스트(1901년산)

### 티스트레이너

찻잎을 걸러내는 거름망이다. 20세기 초 영국에서 상류계층이 사용하기 시작했다. 여러 종류의 차거르개(Tea Strainer)가 있다. 그물망이 느슨한 것은 잎차를 거를 때 사용하고 브로큰이나 CTC는 거름망이 촘촘해야 하는데 여러 가지 형태가 있다. 티포트에 다는 스트레이너가 달려 있는 티포트는 영국 엘그리브(Ellgleave)

손잡이 스트레이너들

포셀린 티스트레이너

각종 스트레이너. 위의 중간 흰 것은 마리에주 프레르의 목면, 오른편은 회전 스트레이너, 왼편 위쪽은 델포트, 아래쪽은 영국 공작댁 선물가게 제품

티포트에 다는 스트레이너

티포트, 폴리 본차이나(1948~1963년산)에 넣는 스트레이너 대용, 중국산

사의 것이며 이 회사는 우드앤손스(ADIV. of woods&sons)의 자회사로 1929년 엘그리브가 세워 1981년 문을 닫았다. 백마크에 제뉴인 아이언스톤(Genuine ironstone)이라고 철 소재 재질이 들어 있다는 소재 표시가 있다.

### 티 인퓨저

티 인퓨저(Tea Infuser)에는 구멍이 뚫려 있어 찻잎을 넣고 티포트 혹은 찻잔에 넣고 우린다. 스트레이너를 대신하지만 공간이 좁아 충분한 역할을 못할 때도 있다. 이전에는 집 모양이나 주전자 모양 등의 형태로 줄을 달아서 많이 사용했다. 소개하는 것은 오래된 스푼형 형태이고 위의 머그잔에 바로 넣은 것은 인퓨저라기보다 간편하게 사용하는 스트레이너다.

티 인퓨저

### 티워머

티워머(Tea Warmer)는 티포트에 들어 있으며 홍차를 마시는 내내 따뜻하게 하기 위해 열을 가하는 도구로 재질은 여러 가지(도자기, 유리, 금속 등)가 있다. 찻잎을 우린 후 이용해야 한다. 유리 티포트의 경우 내부를 보기 위해 주로 워머를 사용한다.

티워머

### 티코지

티포트를 식지 않도록 해주는 것으로 모자 형태로 위로 덮는 것과 주머니 형태로 아래로 감싸는 것이 있다. 티코지(Tea Cozy)를 씌우지 않아도 되도록 티포트 자체에 보온용 덮개가 씌워져 있는 것도 있다. 티코지 소재도 다양하여 뜨개질로 되어 있는 것도 있고 계절마다 소재가 다르기도 하다. 티코지를 사용할 때는 받침도 딸려 있다.

직물로 된 티코지는 1875년 차 테이블에 등장했다. 위로 덮는 것은 17세기에 아일랜드 농부가 우연히 자기 모자를 포트 위에 떨어뜨렸는데 시간이 경과해도 차가 식지 않은 데서 유래했다고 한다. 주머니 형태로 감싸는 것은 중국에서 수입되어 올 때 깨뜨리지 않게 하기 위해 면천에 감싸고 대나무 바구니에 보호해온 것이 유래가 되었다는 설이 있다.

### 티 캐디(Tea Caddy) 박스와 차통

차를 보관하는 용기다. 18세기 영국에서 캐디라는 말은 본래 말레이시아어로, 동인도회사에 근무하는 말레이시아인들이 말레이시아어로 1근(600g)을 의미하는 캐디라는 용어를 사용한 것에서 유래했다고 한다. 주로 두 칸으로 나누어 차를 보관했으며 금속 소재나 가죽 혹은 나무 소재가 사용되었다. 차가 귀했기 때문에 자물쇠로 잠그기도 했다.

좌: 티 캐디 박스와 차통. 위쪽은 영국산 가죽과 캔, 아래쪽은 프랑스산 티백용 작은 박스, 우: 도자기로 된 차통. 코끼리 모양은 홍차가 들어 있는 실론차 제품

### 슈거 텅

슈거 텅(Sugar Tongs)은 홍차에 넣을 각설탕을 집는 도구다. 레몬을 집기도 한다.

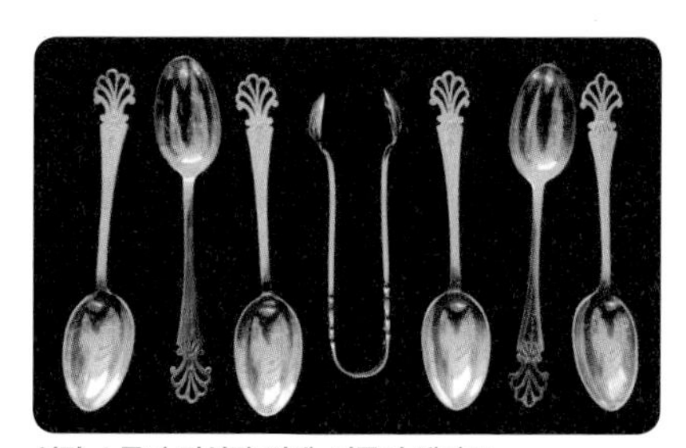

설탕 스푼과 각설탕 집게, 미국의 앤티크

### 피처

피처(Pitcher)는 여분의 물이 필요할 때 물을 넣어두는 도구로 밀크저그보다 크다.

위쪽: 디프레션 코발트 블루 피처(1920년산)와 아트 글래스 피처(1970년산), 아래쪽: 재스퍼 웨어(1896~1900년산)

### 티코스터

티코스터(Tea Coaster)는 소스가 없는 찻잔이나 머그잔에 사용하는 찻잔받침으로 여러 가지 재질로 만든다.

비즈는 인도산, 가죽과 나무는 이탈리아산, 오른편 꽃그림 사각은 영국 국립미술관 선물가게에서 구입

### 티매트

티매트(Tea Mat)는 티포트나 찻잔 등의 온도가 빨리 식지 않고 물을 테이블에 흘리지 않도록 까는 것이다. 요즘은 티매트 아래쪽이 방수가 되는 것을 많이 판매한다.

크리스마스 티매트(미국산)를 제외하고 모두 일본산

### 도일리

도일리(Doily)는 여러 가지 차도구에 까는 것으로 뜨개질로 뜬 것이 많다.

### 티타월

왼편은 영국 켄싱턴궁, 중간은 옥스퍼드대학교 선물가게에서 구입했고 오른편은 프랑스산

티타월(Tea Towel)은 티매트보다 크기가 크며 통상 코튼 위에 프린트되어 있다. 영국에서는 관광지 어디를 가나 티타월이 관광상품으로 구비되어 있다. 때로는 티매트처럼 사용하기도 하고 격식이 없는 차 생활을 할 때 티웨어를 엎어두는 용도로도 편리하게 사용한다.

### 냅킨과 냅킨 링

냅킨 링은 여러 가지 재질이 있으며 냅킨을 걸어 식탁에 올려두는 용도다. 빅토리아

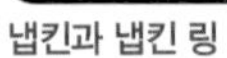
냅킨과 냅킨 링

냅킨과 에르메스 찻잔

시대에도 냅킨 링이 있었다.

### 컴포트

컴포트(Comport)는 홍차 찻자리를 할 때 티푸드를 담아내는 발이 달린 접시다. 도자기와 금속 소재가 있다. 사이즈가 특히 큰 것은 케이크 스탠드라고도 하며 볼 모양인 것은 푸티드 볼이라고도 한다.

위에서 시계방향으로 덴마크 빙앤그뢴달, 프랑스 리모주, 영국 쉘리

### 슬롭볼

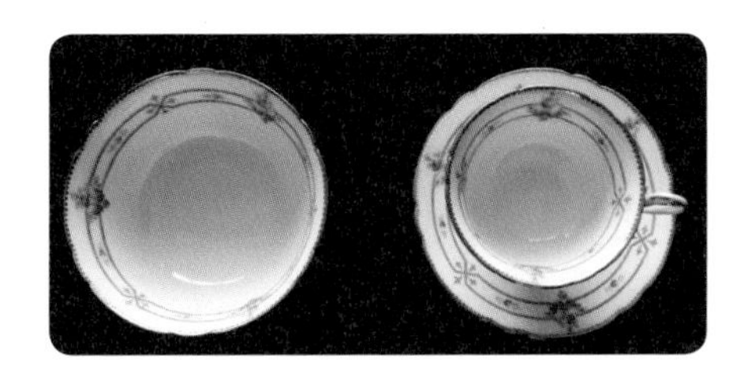

슬롭볼(Slop bowl)은 18세기 초기에 등장한 차도구로 마시고 남은 차를 버리는 도구다. 빅토리아시대 후기에는 티포트도 크고 부엌이 가까워 거의 사라졌는데 앤티크로 남아 있다. 그 당시에는 설탕을 부의 상징으로 생각해 슈거 볼도 컸기 때문에 우리나라 밥그릇만 한 슬롭볼이 슈거 볼인지 헷갈릴 수 있다.

### 티포트 스탠드

최근에는 잘 사용하지 않는 차도구이지만 티포트가 뜨거우면 가구를 손상시키므로 티타임의 필수품으로 사용되었다. 빅토리아시대까지는 사이즈가 균일하지는 않지만 도자기 소재 스탠드가 주로 사용되었다.

### 모래시계 또는 타이머

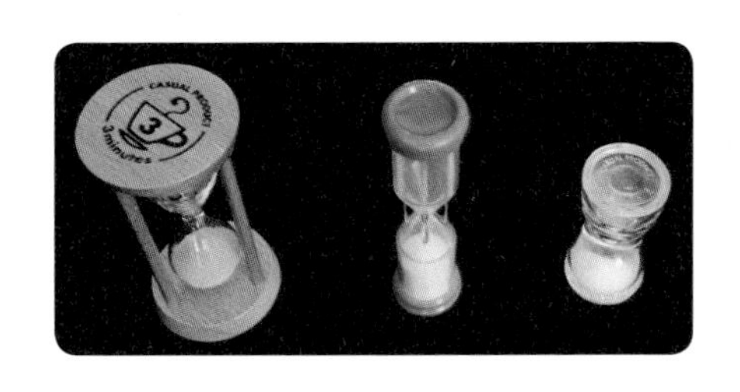

모래시계(Sandglass)는 차를 우리는 시간을 재는 기구다. 3분용, 2분용, 1분용이 있다. 구입하여 사용하기 전 정확한지 시간을 확인해보는 것이 좋다. 타이머(Timer)가 더 정확하지만 자주 사용하기에는 모래시계가 편리한 점이 있다.

### 브론즈벨

빅토리아시대에는 가족이 일하는 사람을 부를 때 벨을 사용했다. 또 연극무대에서도 사용했다. 여성 형태를 한 브론즈벨(Bronze bell)이 많았는데 현재는 컬렉션하여 인테리어 소품으로 이용하는 경우가 많다.

### 이름표 꽂이와 데커레이션 페그

이름표 꽂이는 찻자리에 초대되었을 때 명단을 꽂아두는 것이고 데커레이션 페그(Decoration pegs)는 야외에서 찻자리를 할 때 테이블클로스가 잘 펴지도록 귀퉁이를 잡아주는 도구다.

### 과일꽂이통

과일꽂이를 넣거나 이쑤시개를 넣어도 좋다.

위에서 시계방향으로 빙앤그뢴달, 앤슬리, 민튼, 로열 우스터 3종

### 잼 디시와 스푼

영국의 아침식사나 애프터눈 티에는 꼭 잼이 나온다. 최근 호텔 애프터눈 티에는 잼은 나오고 디시는 나오지 않는 편이지만 가정에서나 오래전부터 스푼이 붙어 있는 이 형태의 디시를 사용해왔다. 스푼이 달려 있지 않은 경우를 위해 잼 스푼이 따로 있는데 잼 전용 스푼은 통상 가족 수대로 몇 개씩 세트로 있지는 않다. 잼 전용 스푼에는 예쁜 그림이 새겨져 있는 경우가 많다.

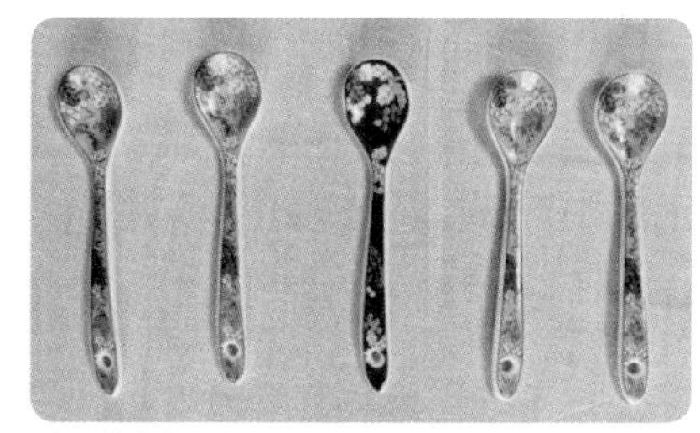
일본 아리타 도자기 스푼

루피시아의 차 봉지 여미는 클립

영국산 퀸 앤. 잼과 클로티드 크림은 영국 포트넘 앤 메이슨사 것

# 특별한 차세팅과 관련 아이템

외손자를 위한 차세팅. 일본 아리타산

영국 버드나무 문양(Blue Willow Pattern)의 차세팅. 티포트, 새들러(1937~1947년산), 찻잔 뒤쪽, 미요토(Myotto)사 앞쪽, 로열 덜튼 부스(Booth, 1980년산)

찻물 높이에 따라 모양이 변하는 찻잔

루이비통 야외용 차도구 넣는 가방

손잡이가 없어도 뜨겁지 않은 중국 찻잔

코코넛통에 든 스리랑카 티백

# 닮은 꼴 차도구

차도구를 사용하다보니 나라가 같아도 브랜드 간 혹은 나라별로 같은 그림이나 패턴이 너무 많았다. 이전에는 특허도 없다보니 소비자에게 인기가 있는 것은 다른 회사 것을 모방한 것 같은 느낌이 들었다. 그리고 그릇을 만드는 장인들이 회사를 옮기면서 전 회사에서 사용한 것과 유사한 것을 만들기도 한 것 같다. 차도구 중 닮은 꼴 찻잔이나 그림이 같은 것이 많았는데 몇 가지 소개한다. 프라고나르(Fragonard, 1732~1806)는 18세기 프랑스의 로코코 회화 거장이라고 하는데 그의 연인 명화 그림은 차도구에 많이 들어간다. 영국, 독일, 프랑스, 일본 제품에서도 흔히 볼 수 있다.

좌: 왼편: 로열 크라운 더비(1950년대)의 핑스톤 로즈, 오른편: 콜포트, 우: 그림이 닮은 꼴 찻잔(왼편: 쉘리, 오른편: 크라운 스태퍼드셔)

좌: 앤슬리의 핑크 로즈, 우: 로열 그래프톤

프라고나르 연인 명화 그림 아이템들

## 믹스매치

좌: 로열 크라운 더비 찻잔, 우: 파라곤 찻잔

앤티크에서 믹스매치(Mix match)라는 용어도 있는데 찻잔을 오래 사용하다보면 찻잔이나 받침을 깨뜨리는 일이 있다. 그것을 다른 용도로 사용할 수 있지만 찻잔으로 그대로 사용하려면 유사하거나 상반되는 다른 분위기로 바꿀 수 있다. 이것을 믹스매치라고 한다. 숍에서 이미 맞추어 싸게 팔 수도 있고 가정에서 응용해도 좋다. 로열 크라운 더비 찻잔은 씻어서 물기가 있는 상태에서 찻잔을 들다가 받침이 딸려오는 바람에 떨어져 깨뜨렸는데 앤슬리 버건디색 소서로 믹스매치했다. 파라곤 찻잔과 쉘리의 분홍색 소서 세트는 믹스매치인 줄 셀러도 몰랐다고 했다.

터키 유리찻잔에 유리소서보다 색깔 있는 소서가 어울림

믹스매치 차도구들. 리즈웨이의 오펠리아 듀오 찻잔과 로열앨버트 접시

# 차도구의 활용

찻잔에 크랙이 있거나 홍차를 다 사용하고 난 티 캐디 박스 혹은 이전에는 사용했으나 현재 잘 사용하지 않는 차도구들을 활용하는 데 관심이 있었다. 준비한 자료가 많지 않아 다음 책으로 넘길까 했는데 뉴질랜드의 밴드 친구에게 허락을 받아 저자가 준비한 자료와 같이 싣기로 했다. 그분(박선영님)은 앤티크 밀크저그나 빅저그 혹은 티포트를 화병 대신에 잘 활용했는데 티타임에 어울리는 것은 작은 들꽃이라 화병보다 차도구를 활용하는 편이 더 어울린다고 했다.

이마리 에소잔으로 크리스마스 장식

크랙 있는 찻잔 활용

차통 활용

저그 활용, 영국 크라이스트성당 디너 룸

뉴질랜드 박선영 님 제공

# 홍차, 오룡차, 녹차의 차이점

## 제조방법 차이

녹차는 전혀 발효시키지 않은 차이고 오룡차(烏龍茶)는 부분적으로 발효시킨 차이며 홍차는 완전히 발효시킨 차다. 오룡차와 홍차 발효의 특이한 점은 미생물이 관여하지 않고 찻잎에 들어 있는 효소에 의해 진행된다는 점이다. 이 현상은 과학적으로 발효라기보다 엄밀한 의미에서 산화라는 표현이 맞지만 아직까지는 홍차에 '효소에 의한 발효'라는 용어를 사용한다.

녹차, 홍차, 오룡차를 만드는 차나무 품종은 다르지만 같은 차나뭇과의 어린잎으로 만들므로 차 성분도 같은 것이 많다. 그러나 품종 차이와 발효라는 제조공정 차이에서 오는 성분 차가 있어 향미(香味)뿐 아니라 효능 면에서 다소 차이를 보인다. 현재 차나무(*Camellia sinensis* L.)의 품종, 변종 등을 모두 포함하면 학명은 100여 개에 달한다고 한다. 하지만 분류학적 관점에서 차나무는 온대지방의 소엽종(*Camellia sinensis* var. *sinensis*)과 열대지방의 대엽종(*Camellia sinensis* var. *assamica*) 두 변종으로 분류한다. 중간형은 이 두 가지가 교잡되어 생겨난 것으로 본다.

통상 녹차에는 소엽종이, 오룡차에는 교잡종인 중엽종이, 홍차에는 대엽종이 어울린다고 하나 반드시 이 공식이 맞지는 않는다. 인도의 다즐링은 대엽종이 아니며 최근 중국 푸젠성에 위치한 우이산에서 제조되는 정산소종계의 새로운 홍차 금준미, 대만의 고산소엽종 홍차와 국내산 고급 홍차와 같이 다양한 품종으로 고급 홍차를 만드는 경우도 있기 때문이다.

16세기 후반 중국으로부터 네덜란드를 거쳐 소개된 홍차는 영국에서 꽃피웠는데 영국은 17세기부터 중국과 직접 차교역을 했다. 영국은 1823년 인도 아쌈지역에서 인도의 자생종을 발견한 이후 다원을 조성하여 영국인을 위한 홍차를 생산하기 시작했다. 전통적인 오소독스(orthodox)법을 간단히 표현하면 〈그림 1〉과 같다. 즉, 이것은 중국의 전통적인 방법을 기본으로 하여 시행착오를 겪으면서 점차 개선된 방법을 찾아 기계화한 것이다.

홍차로 만들기에는 카테킨 함량이 많은 인도 대엽종 찻잎이 적합했다. 위조(withering)는 시들게 하는 과정인데 오소독스 홍차 제법에서는 통풍이 잘되는 위조실에서 자연위조를 한다. 이때 향기가 생기며 위조된 잎은 촉감이 매우 부드럽다. 유념(rolling)은 비비기 과정인데 찻잎의 세포조직을 파괴하여 성분이 잘 우러나오게 하는 것이다. 유념기를 이용하여 비벼준다. 유념된 찻잎은 세포에서 액즙이 나와 펙틴 등의 성분에 의해 굳어진 공갈이 된다. 이것을 풀어주면서 체별하여 발효실에서 발효(fermentation)를 시킨다. 마지막으로 열풍으로 건조(drying)를 한다. 브로큰형은 찻잎을 파쇄하면서 유념한 것이다.

한편, 시간적·경제적으로 능률을 높이려고 고안된 CTC 홍차 제법은 위조를 거의 하지 않으므로 향기가 부족하나 으깨기(crushing), 찢기(tearing), 말기(curling) 조작을 동시에 하는 기계를 이용하므로 짧은 시간 안에 찻잎 세포가 많이 파괴된다. 발효도 자연적으로 시키는 것이 아니라 회전하는 드럼층에 CTC기에서 나온 찻잎을 넣어 발효 시간을 단축한다. 탄닌 산화가 급격히 진행되므로 침출액의 색이 빨리 우러나오고 진하다(그림 2).

〈그림 1〉 홍차 제조 과정

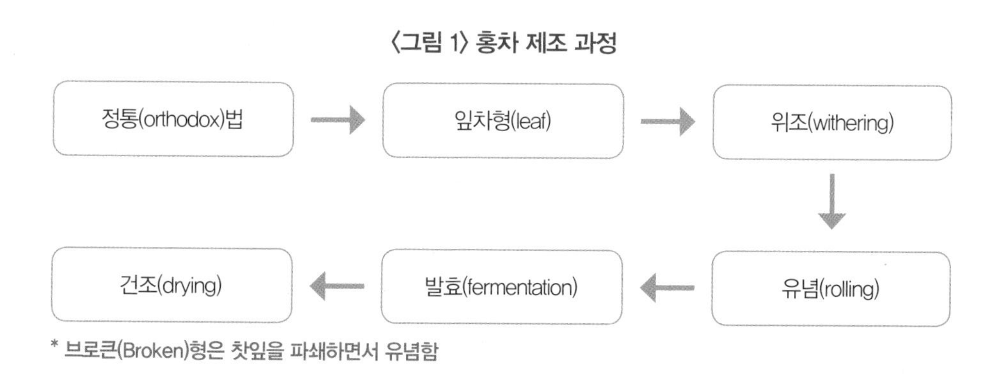


〈그림 2〉 CTC 방법

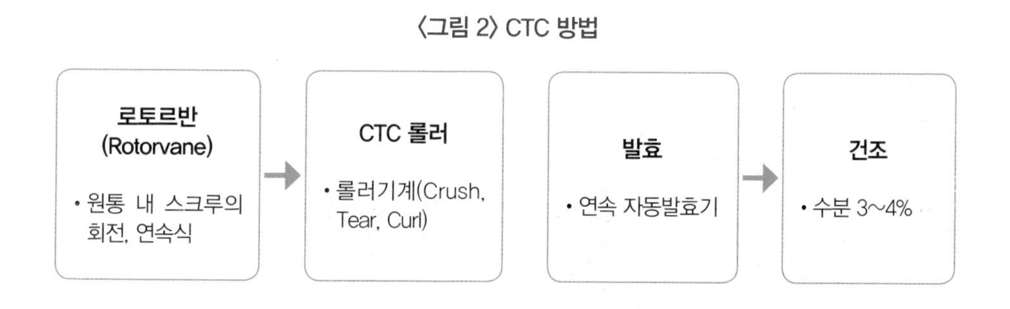


### 오룡차

오룡차는 중국의 특산차다. 그래서 중국차 하면 오룡차를 연상하지만 오룡차 생산량은 중국에서 생산되는 차 생산량의 10% 미만이다. 오룡차는 부분발효차에 속해 찻잎의 효소작용을 어느 정도 이용하기 때문에 제조공정이 녹차보다 복잡하다. 대만에서는 부분발효차 중 발효 정도가 낮은 것 순서대로 포종차(包種茶), 철관음차(鐵觀音茶), 오룡차라고 한다.

이들은 제조방법이 조금씩 다르지만 녹차와 다른 점은 기본적으로 녹차가 제조공정 첫 단계에서 효소작용을 못 하도록 가열처리를 해주는 데 반해 오룡차는 가열 전에 일광위조, 실내위조, 교반 등 위조과정을 거친다는 것이다. 위조하는 동안 좋은 향이 생성되기 때문이다. 중국의 오룡차는 대체로 푸젠성에서 나는 오룡차 전용 품종인 중국종 차나무 잎으로 만들어지며, 중엽종과 대엽종의 중간 품종도 사용한다.

### 녹차

녹차는 이름 그대로 녹색을 유지하고 있다. 그 이유는 제조 첫 단계에서 가열함으로써 찻잎에 포함되어 있는 효소의 활동을 중단시켜 차의 탄닌(폴리페놀이라고도 하며 차의 탄닌은 카테킨류다)이 산화되지 않고 엽록체인 클로로필도 거의 변하지 않고 남아 있게 하기 때문이다.

가열방법으로는 수증기를 이용하는 방법과 솥에서 덖는 방법이 있다. 수증기를 이

홍차, 오룡차, 녹차

햇 찻잎. 접시는 서우공방

태국의 홍차와 오룡차

우리나라의 녹차와 찻잔

용하여 만든 차를 증제차(蒸製茶) 또는 찐차라고 하며, 솥에서 덖어 만든 차를 덖음차라고 한다.

## 성분 차이(향기와 맛)

### 오룡차의 향기 성분

대만산 청오룡

중국 다기에 담은 오룡차

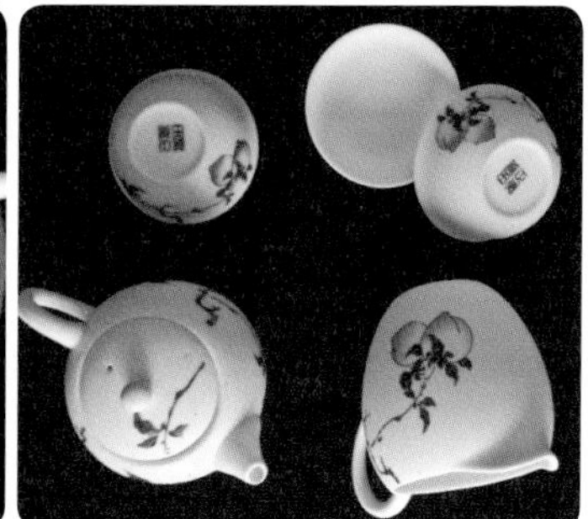

대만산 오룡차 차도구

대만산 청오룡의 향기 Top 10

| 순위 | 화합물 | 함량(peak %) | 향기 묘사 |
|---|---|---|---|
| 1 | 3,7-디메틸-1,5,7-옥타트리엔-3-올 | 14.97 | 백포도주 향 |
| 2 | 시스-3-헥세닐 헥사노에이트 | 5.34 | 풀 향 |
| 3 | 네롤리돌 | 5.03 | 백합꽃, 사과, 나무 향 |
| 4 | 푸르푸랄 | 4.96 | 달콤한 향 |
| 5 | 헥사노익산 | 4.12 | 지방취 |
| 6 | 1-에칠-2-포밀 피롤 | 3.77 | 탄 냄새 |
| 7 | 제라니올 | 3.70 | 장미꽃 향 |
| 8 | 벤자알데히드 | 2.85 | 아몬드 향 |
| 9 | 페닐아세트알데히드 | 2.73 | 히아신스꽃 향 |
| 10 | 트랜스-2-헥세날 | 2.64 | 풋풋한 향, 사과 향 |

### 관능적 특징과 분석결과로 본 향기의 조합

대만산 청오룡은 다즐링의 특징적인 백포도주 향인 3,7-디메틸-1,5,7-옥타트리엔-3-올이 현저하게 많이 함유되어 있다. 다즐링과 차이는 장미꽃 향인 제라니올 함량이 부족하고 풋풋한 풀 향 함량이 높다는 것인데 이 풀 향 성분은 홍차에 흔한 것이 아니라 신선한 녹차에 많이 포함되어 있는 시스-3-헥세닐 헥사노에이트다. 사용한 청오룡은 대만 CST Materials Co., Ltd.의 제품이며 수입판매원은 충남에 있는 인화(INHWA)다.

**국내산 반발효차의 향기 Top 10**

| 순위 | 화합물 | 함량(peak %) | 향기 묘사 |
|---|---|---|---|
| 1 | 트랜스-2-헥세날 | 24.08 | 풋풋한 향, 사과 향 |
| 2 | 헥사날 | 10.23 | 풋풋한 향 |
| 3 | 3-메틸부타날 | 7.15 | 초콜릿 향 |
| 4 | 2-메틸부타날 | 6.07 | 초콜릿 향 |
| 5 | 페닐아세트알데히드 | 4.79 | 히아신스꽃 향 |
| 6 | 푸르푸랄 | 1.98 | 달콤한 향 |
| 7 | 2-페닐에탄올 | 1.38 | 장미꽃 향 |
| 8 | 베타-이오논 | 1.30 | 꽃 향 |
| 9 | 리나롤 | 1.22 | 은방울꽃 향, 감귤류 향 |
| 10 | 벤즈알데히드 | 1.11 | 아몬드 향 |

### 관능적 특징과 분석결과로 본 향기의 조합

6월 하순에 수확하여 반발효차 형태로 제조한 국내산 반발효차는 수확 시기가 늦어서인지 장미 향인 제라니올은 향기 Top 10 안에 들어가지 않았으나 풋풋한 향 성분이 많고 달콤한 초콜릿 향인 메틸부타날류의 함량이 많다. 발효가 진행되면서 생성되는 히아신스꽃 향인 페닐아세트알데히드가 많은 것도 특징적이다.

### 녹차의 향기 성분

**국내산 덖음 녹차의 향기 Top 10**

| 순위 | 화합물 | 함량(peak %) | 향기 묘사 |
|---|---|---|---|
| 1 | 리나롤 | 7.32 | 은방울꽃 향, 감귤류 향 |
| 2 | 제라니올 | 5.39 | 장미꽃 향 |

| 3 | 네롤리돌 | 5.31 | 꽃 향 |
|---|---|---|---|
| 4 | 3-메틸부타날 | 3.51 | 초콜릿 향 |
| 5 | 헥사날 | 2.96 | 풋풋한 향 |
| 6 | 시스-재스몬 | 2.36 | 재스민 꽃 향 |
| 7 | 2-메틸부타날 | 1.88 | 달콤한 향 |
| 8 | 시스-3-헥세닐 헥사노에이트 | 1.54 | 풋풋한 향 |
| 9 | 2-페닐에탄올 | 1.27 | 장미꽃 향 |
| 10 | 1-펜텐-3-올 | 1.21 | 풀냄새 |

### 관능적 특징과 분석결과로 본 향기의 조합

5월 초순에 수확한 찻잎(국내산 소엽종)으로 제조한 덖음녹차는 소엽종으로, 일찍 수확한 찻잎으로 제조한 홍차류에 공통적으로 많은 제라니올과 리나롤이 많이 있었고 홍차와의 차이점은 시스-3-헥세닐 헥사노에이트가 많이 함유되어 있다는 것이다. 이

하동산 반발효차를 우리나라 차도구(신현철 님 제작)에 담은 모습

성분은 녹차의 신선한 향에 기여한다. 녹차의 향기 성분은 홍차와 마찬가지로 성장 환경, 품종, 수확 시기, 제조방법에 따라 차이가 많다.

### 홍차의 맛 성분

홍차의 맛은 녹차와 다르다. 산화에 의해 카테킨 양이 감소되므로 홍차의 맛은 카테킨류의 산화로 형성된다. 홍차 생엽은 강한 쓴맛이 있지만 카테킨류가 산화중합되면 중합물은 물에 용해되지 않는 불용성이 되므로 쓴맛은 줄어들고 약간 상쾌한 떫은맛이 난다. 홍차를 뜨거운 물에 우려도 되는 이유다. 상쾌한 떫은맛 성분은 산화중합물인 테아플라빈(theaflavin)류와 그밖에 중 정도의 분자량을 가진 카테킨 산화생성물에 따른다. 여기에 카페인이 부가되어 홍차의 맛이 된다.

### 오룡차의 맛 성분

오룡차의 맛은 녹차에 비해 쓴맛과 떫은맛이 약하고 뒷맛이 달고 중후하다. 이것은 주로 발효에 의해 카테킨이 감소되고 카테킨류로부터 여러 종류의 카테킨 관련 화합물이 생성되기 때문이다. 발효 정도가 낮은 포종차의 경우 카테킨 감소율이 낮으며, 오룡차는 발효에 따라 정도는 다르나 카테킨 감소율이 높다. 오룡차의 카테킨 감소율에 변동이 심한 것은 제법이 다양하기 때문이다.

### 녹차의 맛 성분

녹차는 떫은맛, 쓴맛, 감칠맛, 단맛 등이 어우러진 독특한 맛을 낸다. 처음 차 생활을 시작하는 사람은 이러한 녹차의 참맛을 느끼는 데 다소 시간이 걸리는 것 같다. 그것은 차 맛에 익숙하지 않아 떫은맛과 쓴맛에만 민감하게 반응하기 때문이 아닌가 싶다. 차에 익숙하게 된 사람은 오히려 향과 더불어 감칠맛과 단맛을 더 민감하게 느낀다. 차의 독특한 맛의 주성분 중 주로 쓴맛과 떫은맛은 카테킨류에 기인하지만, 카페인과 사포닌도 쓴맛에 약간 영향을 준다.

녹차의 카테킨류는 홍차와 달리 중합되지 않은 수용성 카테킨이 많으므로 녹차를 우릴 때는 숙우(물 식힘 사발) 등을 이용하여 끓인 물을 약간 식혀 우리면 쓴맛과 떫은맛을 줄일 수 있다. 감칠맛과 단맛은 주로 아미노산류에 기인한다. 아미노산 중 테아닌은 단맛과 감칠맛을 내며 햇차에 많이 들어 있다. 아미노산류에 비해 적게 들어 있는 핵산물질과 설탕, 포도당, 과당 등 당류도 감칠맛과 단맛을 내는 데 관여한다.

## 효능 차이

홍차, 오룡차, 녹차는 차나무의 어린잎으로 만든다는 공통점이 있다. 카페인 등 발효에 별로 상관하지 않는 성분은 무관하지만 발효 정도에 따라 차 성분이 달라질 수 있는데, 성분 차이는 향미뿐만 아니라 효능 면에도 차이를 가져온다. 여기서는 차 종류에 따라 다른 몇 가지 효능을 언급한다.

### 홍차

비타민 C는 발효로 파괴되기 때문에 홍차에서 비타민 C를 기대하기는 어렵다. 플루오린(F)이 아닌 다른 작용에 의한 충치균 억제에는 홍차가 가장 효력이 있다. 충치

균이 분비하는 글루코실트란스퍼레이스가 설탕에 작용하여 불용성 글루칸을 생성하고 치석(齒石) 형성을 유발한다.

차는 충치균에 살균효과가 있을 뿐 아니라 치석이 생기는 것을 억제한다. 그 저해효과는 홍차, 오룡차, 녹차 순이다. 항당뇨병작용 또한 홍차가 가장 효력이 있다. 차가 혈당을 낮추는 원리는 차의 카테킨류가 전분을 포도당으로 분해하는 효소인 아밀레이스의 작용을 억제하여 혈당치와 인슐린의 농도 상승을 저해시키는 데 있다. 홍차의 테아플라빈 성분은 녹차의 카테킨 성분 중 혈당 강하에 효력이 있는 에피카테킨갈레이트나 에피갈로카테킨갈레이트보다 150~250배 강한 혈당강하 효력이 있다. 또 테아플라빈과 테아루비긴은 쥐 실험을 한 결과 강한 유전자 돌연변이 억제 효과가 있었다.

### 오룡차

녹차 추출액과 차의 카테킨류는 화분병이나 천식 등의 알레르기 증상을 억제한다고 보고되었다. 오룡차는 반발효차이므로 유리 카테킨류는 녹차보다 많지 않지만 녹차나 홍차보다 오룡차가 알레르기 억제에 효과가 강하며, 차나무 잎보다는 줄기 쪽이 효과가 높다고 한다. 알레르기는 히스타민이 몸에서 방출되었을 때 많이 발생한다. 연구팀은 차나무 줄기에 포함된 어떤 카테킨류가 히스타민 방출을 억제하는 효과가 있을 것으로 예상했다.

### 녹차

녹차는 발효를 전혀 시키지 않기 때문에 물에 잘 녹는 수용성 카테킨류가 세 종류 차 중 가장 많다. 카테킨 구조에서 수산기(OH기)를 많이 보유하고 있는 것이 항산화력이 강한데, 수산기가 3개인 녹차의 에피갈로카테킨이나 에피갈로카테킨갈레이트 성분이 홍차의 테아플라빈 성분보다 월등하게 효과적이다. 같은 녹차라도 햇차보다 여름 녹차에 에피갈로카테킨이나 에피갈로카테킨갈레이트가 많아서 더 효과적이다. 따라서 노화를 방지하는 항산화작용이나 항암작용 등이 다른 차류에 비해 녹차가 우수하다. 혈전 형성을 예방하는 효과는 차 성분 중 카테킨 함량이 많을수록 높아지므로 증제녹차가 가장 효과적이다. 비타민 C와 관계되는 여러 가지 효능도 녹차가 유효하다.

# 티룸 방문

차 마시는 일이나 밥 먹는 일과 같이 일상적이고 예사로운 일을 일상다반사(日常茶飯事)라고 하지만 이 말이 가장 어울리는 나라는 영국 같다. "It's my cup of tea"라는 말은 영국에서 "내 취향이다"라는 말로 통용된다고 하니 차를 얼마나 즐기는지 알 것 같다. 영국에서 차는 주로 홍차를 말한다. 우리나라에서는 앤티크 그릇으로 멋지게 치장한 카페라 할지라도 대부분 커피 중심으로 운영하고 홍차는 조금 취급하나 영국은 티룸과 카페가 확실하게 구별되는 곳이다. 완전히 홍차만으로 운영하는 티룸이 많다.

## 영국

### 크라이스트성당의 디너 룸

옥스퍼드의 크라이스트성당(Christ Church)은 입장료를 내고 들어가는데 볼거리가 있어 입장료가 아깝지 않다. 세계에서 유일하게 성당인 동시에 대학이기도 한데 옥스퍼드에서 가장 큰 대학이다. 1525년 울시 추기경이 추기경들을 교육하기 위해 설립한 이래 현재까지 영국 총리를 13명 배출한 곳이다. 가이드에게서 옥스퍼드라고 해서 다 같은 대학이 아니라는 부가 설명을 들었다. 영화 '해리포터 시리즈' 촬영지이기도 하다. 일요일 저녁은 학생들을 위해 저녁식사가 준비된다. 디너룸에는 홍차를 마시는 찻잔이 구비되어 있다.(www.chch.ox.ac.uk)

디너룸 내부

## 오랑제리 티룸

영국에 갔을 때 오랑제리(Orangery) 티룸은 꼭 방문하고 싶었다. 한국에서 예약하고 방문했다. 다이애나 비가 거주했던 켄싱턴궁 안에 있지만 찾느라고 발품을 팔아가며 그곳을 구경할 수 있었다. 현재 윌리엄 왕세손 부부가 거주하고 있다. 이곳은 처음에 감귤류의 온실(Orangery의 의미)이었다가 티룸으로 개조해서 그런지 창이 크고 밝은 분위기였다. 앤 여왕(1665~1714, 1702년 여왕이 됨. 흔히 퀸 앤이라고 함) 시기에는 왕실 연회가 이곳에서 열렸다. 인터넷을 검색하면 다녀온 후기가 다 좋은 것은 아니지만 차를 전공한 사람으로서 그곳까지 가서 애프터눈 티를 하게 된 것만으로 만족했다. 사진을 찍고 그 옆 기념품가게에 들러 오랑제리 티룸에서 사용한 것과 같은 찻잔과 여러 가지 차도구도 구입했다.(http://www.orangerykensingtonpalace.co.uk/afternoon-tea/)

오랑제리 티룸

오랑제리 애프터눈 티

### 포트넘 앤 메이슨 티살롱

포트넘 앤 메이슨(Fortnum&Mason)은 지하 2층 지상 4층으로 되어 있다. G로 표시되어 있는 지하 1층에는 일반인들을 위한 카페가 있다. 4층(우리나라에서는 5층에 해당)에는 다이아몬드 주빌리(Diamond Jubilee)라고 하는 고급 티살롱이 있다. 다이아몬드 주빌리는 엘리자베스 2세 여왕이 즉위한 지 60년이 되는 해(2012)를 말한다. 오랑제리 티룸처럼 한국에서 예약했다.

두 군데에서 다 예약되었다는 메일이 와서 안심했는데 영국에 도착해 애프터눈 티를 하기로 한 날 새벽에 메일을 보니 취소되어 있었다. 놀라서 유선으로 연락해보니 예약에 대한 답이 없었다는 것이다. 집을 떠난 후 예약 메일을 받아 답장을 쓰지 못했고

다이아몬드 주빌리 입구

예약한 것으로 끝난 줄 알았다. 유선으로 통화하여 방문하기로 했다(참고로 오랑제리는 예약되었다는 메일로 충분했다).

이곳은 오랑제리와 달리 런던 시내에 있어서 편리했다. 지상층은 화려한 티푸드로 우리를 맞이했으며 4층 입구에 들어서니 가정집 응접실 같은 분위기로 꾸며놓았다. 티룸에서는 다양한 나라 사람들이 차를 즐기고 있었다. 메뉴도 다양해서 애프터눈 티는 물론이고 하이 티(High tea, 서민층이 즐기던 차로 오후 6시경 가벼운 식사와 함께하는 티타임)와 채식주의자(Vegetarian)를 위한 것도 있었다. 오랑제리에 비해 애프터눈 티 코스의 가격이 다소 비쌌는데 티푸드와 차도구 등 여러 가지로 만족할 수 있었고 직원들도 유쾌하고 친절했다. 먹다 남은 티푸드 등도 예쁜 케이스에 담아서 가져올 수 있었다.(http://www.fortnumandmason.com/)

### 리버티백화점 안 카페

리버티(Liberty)백화점은 영국에서 가장 오래된 백화점이며 건물은 튜더(Tudor)왕조시대(1485~1603)의 건축양식을 재현해 지었다. 이 건물 2층에 카페가 있다. 카페에 들어서니 왼쪽 벽에 메뉴판이 예술작품처럼 걸려 있고 맞은편에는 큰 수레가 있어 눈이

리버티 카페 입구 수레 위의 티푸드

카페 내부

홍차 마시기

휘둥그레질 정도의 티푸드가 담겨 있다. 홍차를 시키자 흰색의 실용적인 티포트에 집집마다 배달되는 것 같은 유리병에 담겨 있는 밀크저그가 나왔다.

### 런던 템스 강변의 펍(Pub) 카페

홍차 전문점은 아니라서 화려한 차도구와 티푸드는 없지만 강변을 산보하다 누구나 들러 부담 없이 홍차를 마실 수 있는 곳이다. 동양적인 분위기의 티포트와 찻잔이 나온다. 영국 일반 가정에서는 두 가지 스타일의 티세트

템스 강변의 펍 카페

를 준비하는데 평소에는 소박한 다구를 사용하고 특별한 날에는 안주인의 취향이 있는 브랜드 제품을 사용한다.

## 영국 코츠월드의 티룸들과 선물가게

영국 코츠월드의 앤티크가 있는 티룸

영국 코츠월드의 티룸

영국 코츠월드의 차 관련 제품 미니어처 가게

# 일본

**지유가오카의 루피시아, 벨 에포크**(Lupicia, La belle Epoque) **티룸**

도쿄에서 좀 떨어진 외각이지만 지유가오카 본점 2층에는 티룸이 있다. 1층에서는 티푸드와 홍차를 비롯하여 많은 차류와 차 관련 상품을 팔고, 티룸이 있는 2층에는 차 종류들을 전시하고 구체적으로 설명하는 코너가 있다. 필자가 방문했을 때는 12월이라 크리스마스와 새해를 맞이하는 제품들로 예쁘게 장식하고 있었다. 메뉴에는 여러 종류의 차류와 디저트류가 있었다.

벨 에포크 티룸 내부

차류 전시 설명 코너

티룸 내부

### 긴자의 마리에주 프레르 티룸

마리아주 프레르(Mariage Freres)가 외국에 처음 진출한 곳이 일본이다(1997년 도쿄 긴자, 2003년 도쿄 신주쿠, 그 외 여러 지역에 진출). 마리아주 프레르 매장에 가면 일본풍의 무쇠주전자 모양에 예쁜 색깔로 단장한 둥근 모양 티포트와 프랑스풍 무쇠 티포트가 있다. 긴자의 마리아주 프레르를 2016년 12월 방문했을 때 연말이라 너무 복잡해서 매장은 구경했지만 티룸에 들어갈 수 없었으나 2018년 1월 중순 오전에 방문하니 매장과 티룸이 한가해서 편히 즐길 수 있었다. 1층에는 차도구를 파는 매장이 있고 2층에 티룸이 있다.

마리아주 프레르 긴자점 입구

좌: 티룸 내부, 우: 찻잔 세팅

### 애프터눈 티룸

1981년 일본 시부야의 파르코에 1호점이 생겼다. 리빙(Living)과 티룸이 있는 스타일이다. 영국에서 애프터눈 티를 하는 습관을 일본에 침투시켜 영국의 티푸드인 스콘을 제공했으며 10주년(1991), 20주년(2001), 30주년(2011), 35주년(2016)에는 특별 이

벤트와 한정판매 상품들을 출시했다. 일본 각 지역에 매장이 있으며 2007년 상하이와 대만에도 매장을 냈다. 애프터눈티가 아니라도 홍차를 마실 수 있고 가벼운 식사에 홍차를 곁들일 수 있으며 가격이 크게 부담 가지 않아 쉽게 접근할 수 있다. 딸기철에는 딸기를 메뉴에 넣고 여름이 오기 전 아이스티를 준비하는 등 계절메뉴에 신경을 많이 기울여 손님들을 즐겁게 해준다.

우에노의 티룸 입구

일본의 음료자판기에는 유명한 음료·맥주회사 기린(KIRIN)에서 나온 다양한 형태의 '오후의 홍차(午後の紅茶)'가 반드시 있는데 확실히 일본인들이 우리나라 사람들보다 일상적으로 홍차를 즐기는 것 같다.(https://www.afternoon-tea.net/)

레몬 홍차

간단한 브런치와 홍차

## 갤러리 아리타

갤러리 아리타는 일본 사가현 아리타에 있으며 아리타 도자기로 식사와 차를 즐길 수 있는 곳이다. 찻잔이 2,000개 이상 진열되어 있다. 일정량 한정판인 도자기로 만든 도시락에 들어 있는 오선(五膳) 메뉴를 주문해서 먹은 후 2,000개 찻잔 중 본인이 고른 예쁜 찻잔에 차를 마실 수 있다. 다른 공간에는 선물가게를 만들어 다양한 제품을 판매하고 있다.

필자가 선택한 찻잔

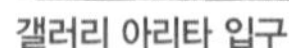
갤러리 아리타 입구

갤러리 아리타 티룸 내부

### 노리타케의 숲의 킬른(Kiln) 레스토랑

노리타케의 숲은 나고야시에 레스토랑과 박물관이 함께 있는 복합시설이다. 이곳은 본래 노리타케공장이 있던 곳으로 2001년 개장했다. 박물관이나 숍을 먼저 둘러보고 티타임(14:30~16:00)에 맞추어 방문했다.(http://www.castle.co.jp/noritake-kiln)

양각으로 처리된 핑크색의 앙증맞은 장미 패턴(큐티로즈) 티포트와 찻잔은 뒤에 보니 매장에서 판매했다. 찻잔의 뒤태도 올록볼록하

레스토랑 출입구

레스토랑 앞

게 처리하여 예뻤다. 티푸드도 맛있었으며 싫증나지 않을 정도 양으로 합리적으로 제공했다. 커피와 함께 나온 티푸드 접시와 커피잔 또한 매장에서 판매했는데 접시는 신제품이다.

### 나고야의 하브스(HARBS) 카페

나고야에 본사가 있는 이곳은 1981년 문을 열었으며 나고야에 가면 많은 곳에서 볼 수 있는 간단한 런치도 할 수 있는 카페다. 이곳은 특히 케이크가 맛있기로 유명한데 홈페이지 첫 글에는 "마음속까지 만족시키는 케이크는 어떤 것인가?" 하는 의문이 하브스에서 케이크를 만드는 출발점이라고 적혀 있다. 나고야의 마츠자카야백화점은 세 관으로 되어 있는데 방문한 곳은 백화점 남관 8층이었다. 실론 아이스 홍차(시럽과 함께 나옴)와 따뜻한 실론 홍차를 주문하고 티푸드로는 이곳

하브스(HARBS) 카페

에서 유명하다는 대표 메뉴인 미루 크레이프(Mille crepes)와 계절메뉴인 밤으로 만든 타르트(tarte)를 주문했다. 미루 크레이프는 얇은 크레이프 사이에 딸기, 키위, 바나나, 멜론 등 생과일을 크림과 함께 켜켜이 넣은 것이다. 미루 크레이프보다는 밤 타르트가 맛있었다. 미루 크레이프에서는 바나나의 향미가 가장 특징적으로 나타났다.(http://www.harbs.co.jp/harbs/concept.html)

실론 아이스티

실론 홍차

밤으로 만든 타르트

## 홍콩

### 어퍼 하우스호텔의 카페 그레이(Cafe Gray)

홍콩을 자주 다니는 친구 소개로 가게 되었다. 높은 층에 올라가니 시설이 좋은 멋진 티룸을 만날 수 있었다. 두 사람이 간다고 해서 애프터눈 티를 2인분 시킬 필요는 없었다.

티푸드

### 레이디 엠 뉴욕

홍콩의 IFC몰 안에는 미국의 미드타운과 맨해튼 여러 곳에 있는 레이디 엠 뉴욕(Lady M New York)이 있다. 이곳은 크레이프 케이크가 유명한데 식용장미가 장식되어 있는 크레이프 케이크와 홍차를 주문하여 마셨다. 관광 중 차도 마시고 유명한 케이크도 먹어보는 좋은 시간이 되었다.

레이디 엠 뉴욕의 홍차 세팅

장미 케이크와 홍차

## 대만

### 웨지우드 티룸

대만 타이페이의 소고백화점 7층에는 웨지우드(Wedgwood) 티룸이 있다. 하늘색 메뉴판 중앙에 항아리가 특징적이다. 웨지우드 디시와 머그잔, 티포트 등이 벽에 장식되어 있고 애프터눈 티는 오후 2시부터 5시 30분까지 마실 수 있다. 테이블마다 다른 차 도구들이 나오는 특색이 있다.

티룸 입구

티룸 내부

TWG 티룸

대만 타이페이의 101타워 5층에 TWG 매장과 티룸이 있다.

대만의 TWG 티룸 입구

대만의 TWG 매장

## 스리랑카

### 그랜드호텔의 티룸

누와라엘리야의 그랜드호텔은 영국 식민지시대에 지어진 것으로 처음에는 영국인의 저택이었다고 한다. 2층 베란다에서 애프터눈 티를 맛볼 수 있다기에 신청했는데 가격이 매우 저렴했다. 디저트는 구색을 갖추었지만 맛이 별로 없어 기분만 냈다. 홍차는 물론 좋았다. 그랜드호텔 안 뷔페식사에서 디저트가 너무 환상적이라 비교되었는지 모르겠다.

그랜드호텔 애프터눈 티의 티푸드와 홍차

### 딜마 티룸

누와라엘리야의 그랜드호텔에는 딜마차를 파는 매장도 따로 있었지만 로비 옆에 딜마 티룸이 있었다. 벽면은 온통 딜마차류로 가득 차 있었다.

### 스리랑카에서 홍차 마시기

스리랑카 차 공장에서 홍차 맛보기

차 공장 외부에서 홍차 맛보기

## 태국

### 방콕의 사원 카페

방콕의 골든 마운트(Golden Mount 혹은 Mountain) 사원은 태국 아유타야왕조에 건설된 것으로 공사기간이 긴 사원이다. 황금색 사원 내부 계단을 따라 올라가는데 주변에 볼거리가 많고 액을 물리치는 종을 치기도 하면서 가면 힘들지 않다. 사원을 둘러보고 조금 내려오면 분위기가 좋은 카페가 있다. 메뉴에 차류와 커피가 있는데 차류에는 말차, 태국 홍차, 라임 가향차, 기타 여러 가지 종류가 있다.

사원 카페(실론차 판매)

사원 카페 입구

사원 카페 내부

## 센트럴 엠버시의 해러즈 티룸

런던 해러즈(Harrods)백화점은 홍차 상인이었던 찰스 헨리 해로드(Charles Herry Harrod)가 1849년 런던 브롬프턴 로드에 작은 식료품 가게를 열면서 시작되었다. 백화점도 커졌지만 홍차 관련 제품이나 티룸이 더 유명하다. 우리나라에는 없는 해러즈 티룸이 태국에는 몇 개나 있다. 가장 최근에 문을 연 센트럴 엠버시(Central Embassy) 안의 티룸을 방문했다. 입구에 2015년 티푸드로 선정되었다고 하는 문(Moon)케이크(중국의 월병과 같은데 크기가 작다)가 예쁘게 장식되어 있다.

일행 4명이 실론 블렌딩, 다즐링, 인도식 차이, 아메리카노를 주문하고 티푸드로 스콘과 치즈케이크, 레몬타르트를 주문했다. 홍차와 밀크는 충분히 나왔는데 실론차와 다즐링은 시간이 지날수록 맛이 진해져 밀크를 첨가해 마셨다. 인도식 차이는 향미가 강하지 않고 자연스러워 입맛에 잘 맞았다.

스콘과 홍차

해러즈 입구

해러즈 내부

## 뉴질랜드

### 그녀의 창가

헤비 골드라는 닉네임을 쓰는 밴드 친구가 있다. 부산이 고향인 헤비 골드(박선영님)는 애들 교육을 위해 뉴질랜드에 머무른다고 했다. 그녀는 타국에서 친구보다 더 친구 같은 빈티지, 앤티크의 매력에 빠져 햇살이 들어오는 창가에서 예쁜 티타임을 즐기고 사진을 찍어 밴드에 올리곤 한다. 우리나라에서는 다소 생소한 티푸드나 음

영국산 로열앨버트 찻잔

영국산 로열앨버트 찻잔

영국산 콜돈 찻잔

영국산 로열 덜튼 찻잔

영국산 로열 덜튼 접시

식에 관심이 있어 질문하면 그녀는 친절하게 답변해주었다. 또 그녀가 차에 관해 질문을 던지면 필자도 답변해주면서 짧은 기간에 서로 대화하는 사이가 되었다. 그녀의 '창가의 티타임'을 책에 소개하고 싶다고 하니 쾌히 허락해주었다. 그녀는 실론 홍차인 베질루르(Basilur)와 영국 브랜드인 하니 앤 손스(Harney&Sons)를 주로 마시고 가향차를 좋아한다고 했다.

## 우리나라

### 서울 신라호텔 티룸

프랑스 파리 출신 로저 비비에(Roger vivier)는 1953년부터 디올과 함께 일한 사람으로 그의 구두와 핸드백은 국내외 유명인들이 선호하는 브랜드다. 신라호텔 라운지에 있는 티룸 더 라이브러리(The Library)에서 로저 비비에와 한정 기간 컬래버레이션한 애프터눈 티를 즐길 수 있었다. 티포트와 스트레이너는 실버제품으로 고급이지만 찻

홍차 우리기

핸드백과 컬래버레이션

잔이 3단 트레이와 맞추느라 검은색이라 찻물색을 제대로 즐길 수 없어 아쉬웠는데 겨울에는 검은색, 여름에는 흰색 찻잔을 사용하는 것 같다.

### 서울 잠실 롯데백화점 TWG 티룸

TWG차를 구입할 수도 있고 홍차를 선택하여 마실 수도 있는 공간이다. 간편하게 티타임 메뉴를 선택했다. TWG 특유의 보온이 잘되는 황금색 티포트에 차가 들어 있고 티젤리와 휘핑크림이 따라 나온다.

다즐링 홍차　　티푸드

### 서울 티앙팡 티룸

티앙팡 입구

2001년 이화여대 앞에서 처음 문을 열었고 필자가 방문한 곳은 압구정점이다. 실내는 크지 않아 테이블이 많지 않았지만 손님으로 다 차 있었는데 그 이유를 알 것 같았다. 찻잔과 티포트는 츠비벨 무스터가 나왔다. 스페셜 밀크티는 생크림(장미꽃을 만들기도 함)을 띄우고 홍차를 부으면 부드러운 밀크홍차가 된다. 디저트는 스콘이나 다쿠아즈(Dacquoise) 등을 핸드메이드로 정성들여 만들어 따뜻하게 내준다. 실내 벽은 홍차캔으로 장식되어 볼거리를 제공한다. 다쿠아즈는 견과류와 옥수수 전분을 넣어서 만든 일종의 머랭(meringue, 거품을 많이 낸 난백과 설탕의 혼합물)이다.

스페셜 밀크티

양면으로 된 다쿠아즈

### 대전 히스밀 앤티크갤러리

최근 새로이 아파트들이 들어선 대전 죽동에 히스밀(Hee's mill)이라는 카페가 있다.

카페 대표가 여행 다니며 컬렉션한 앤티크들을 사방에 진열해두고 판매는 하지 않는다. 홍차를 시키면 예쁜 디저트가 따라 나오고 티포트와 홍차잔도 직접 고를 수 있다. 간단한 브런치를 시켜도 된다. 테이블마다 다른 생화들이 장식되어 있고 공간도 여유 있는 예쁜 카페다.

밀크홍차

티룸 내부

티룸 내부

### 제주도 홍차 카페 PAN

이곳은 제주 향토음식 전문점 낭푼밥상 2층에 있다. 카페와 매장을 함께 운영한다. 차를 주문하면 일단 여러 종류의 샘플에서 향을 맡아보고 홍차를 선택하도록 한다. 홍차 종류는 다양하나 최근 트렌트인지라 대부분 가향차다.

티룸 내부

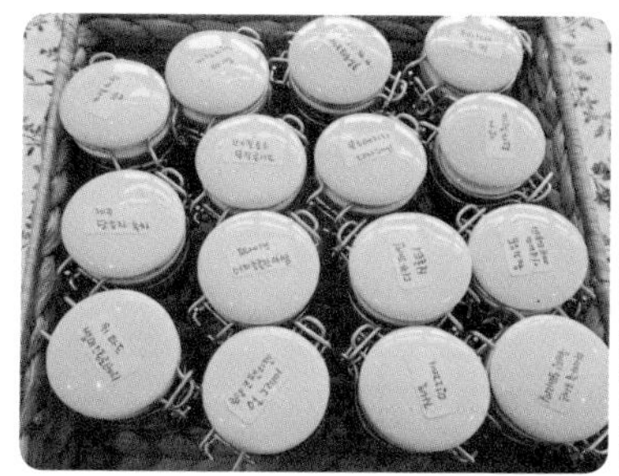

홍차 선택

홍차 세팅

### 제주도 마노르 블랑 카페

여름에 가면 정원에 수국이 가득한 제주도의 카페다. 전망이 좋고 앤티크 그릇이 많아 입소문이 나서 앤티크를 좋아하는 사람들이 제주도를 방문하면 꼭 들르고 일부러 시간을 내어 가기도 한다. 높은 곳으로 올라가 수국 정원을 바라보면 전망이 아주 좋다. 홍차보다 커피를 좋아하는 사람이 많은 때문인지 홍차 메뉴는 다양하지 못하다. 무스나 요거트, 음료를 포함한 케이크 등 예쁜 디저트 메뉴는 다양한 편이다.

홍차 마시기

마노르 블랑 정원

## 부산 쉘리카페

해운대 좌동에 위치한 쉘리(Shelley)카페는 2018년 5월 문을 열었다. 쉘리 브랜드의 찻잔과 티포트로 전체 매장을 장식한 카페는 전국에서 처음이 아닐까 싶다. 소문이 나면 쉘리 애호가들은 꼭 들르고 싶은 장소일 것 같다. 포트넘 앤 메이슨의 브렉퍼스트와 2015년 엘리자베스 여왕의 최장기 집권을 기념하기 위해 나온 한정판 퀸즈 블렌드(QUEEN'S BLEND)티는 케냐와 르완다산 홍차에 아쌈이 블렌딩되어 있어 찻물색이 좋다. 아메리칸 스타일 커피를 서비스로 제공하는데 만족도가 높다. 홍차는 친즈 패턴 올랜더(Oleander) 쉐입의 쉘리 잔에 나온다.

홍차와 찻잔

쉘리 카페 입구

카페 안의 월레만 찻잔들

카페 안의 쉘리 찻잔들

### 조선비치호텔 파노라마 라운지 티룸

이곳은 바다 전망이 보이는 곳에서 애프터눈 티를 한다. 찻잔은 웨지우드의 플로렌틴 터콰즈(Florentine Turquoise), 산딸기(Wild strawberry), 뻐꾸기 차이야기(Cuckoo Tea Story) 중 한 개 선택을 하는데 필자는 바다색과 잘 어울리는 터콰즈를 선택했다. 다음에 차는 독일산 로네펠트(Ronnefeldt) 티 12종 중 2종을 선택하게 되어 있는데 순수한 홍차로만 이루어진 싱글 오리진 차는 다즐링 서머 골드(Second flush), 아쌈(아쌈지방 모칼바리 다원 생산), 잉글리시 브렉퍼스트(우바의 St. James 다원) 세 종류가 있다.

티푸드는 3단 트레이에 나오는데 1단인 맨 아래층에는 연어, 버섯, 토마토, 치즈, 올리브를 곁들인 샌드위치가 네 종류 있고 2단인 중간층에는 케이크, 홍차 카놀레, 마카롱이 있으며 3단에는 말차 무스, 타르트, 유자샌드가 있다. 중간층을 제외하고는 다른 티룸의 3단에 비해 단맛이 적어 연령층이 높은 사람한테도 괜찮은 찻자리 같다.

한편, 스콘은 목면천에 싸여 나오고 클로티드 크림, 딸기잼과 함께 흰 소스도 따라 나오는데 자체 개발한 소스라고 한다. 바다를 배경으로 한 웨지우드의 플로렌틴 터콰즈의 차도구는 운치를 더해주고 홍차나 티푸드도 호텔의 명성답게 맛이 있어 다소 비싸지만 한번쯤 즐길 수 있는 곳으로 생각되었다.

조선비치 파노라마 라운지 애프터눈 티

조선비치 파노라마 라운지 애프터눈 티

### 롯데호텔 라운지

부산 서면의 롯데호텔 라운지는 티타임이나 칵테일을 즐길 수 있도록 되어 있다. 이 호텔은 외국인들에게 선호도가 있으며 특히 일본인 고객들이 많이 찾는다. 이곳에는 숙박하는 사람들이 자유롭게 갈 수 있는 라운지가 있다. 국내산 녹차 티백도 있지만 주로 독일산 로네펠트(Ronnefeldt)의 티백 홍차와 허브차로 구성되어 있다. 티푸드도 잘 갖추어져 있어 부산 서면의 도회지풍 경치를 구경하면서 티타임을 즐기기에 좋다.

로네펠트의 실용적이고 편리한 티백

티푸드인 마들렌

오랫동안 해온 차 연구와 짧지만 열정을 가지고 한 차도구 관련 연구를 접목하여 홍차 책을 집필했다. 처음 책을 기획했을 때의 다짐과 달리 시간에 쫓기고 글 솜씨도 한계가 있으며 앤티크 공부도 많이 부족해서 사진을 준비해놓고 다 보여주지 못해 안타깝다. 이번에 못다 한 이야기들은 차 종류를 바꾸어 다음 기회로 넘기고자 한다. 책을 집필하는 중에도 끊임없이 새로운 차류를 만나고 차도구들을 만났다. 이렇게 계속 탐구할 수 있다는 것이 얼마나 행복한 일인가! 이 시점에서 두 가지 하고 싶은 말이 있다. 용어의 선택과 감사의 인사!

## 용어 선택의 어려움

용어 선택에 어려움이 있었다. 먼저, 사람 이름과 도자기 회사 이름들이다. 영국 브랜드라도 여러 가지로 번역되어 사용되니 어떤 것을 선택할 것인가? 사람 이름이 도자기 회사인 'Wileman'은 '와일만'이라고도 많이 하는데 많은 앤티크 밴드에서 '윌레만'이라는 용어를 더 많이 사용했다. 'Royal worcester'는 로열 우스터로 김천 세계 도자기 박물관에 있는 것을 따랐다. 독일의 'Messen'은 독일어 발음인지 도자기 여행 저자이신 조용준 님은 마이슨이라고 쓰셨는데 그냥 일반인이 많이 알고 있는 마이센으로 표기했다.

도자기와 관련해 이런 일은 한두 군데가 아니었지만 내용 표기법에서도 마찬가지였다. 필자는 평소 후르츠니 후레버니 하는 일본식 영어 발음을 싫어하고 국적불명의 무스카텔(다즐링 향기 표현의 하나) 같은 발음도 고치고 싶어 한다. 식품영양학 영역에서는 최근 몇 년간 용어의 한글화에 변화가 있어 거의 정착되었다. 예를 들면, 소화효소인 'amylase'는 이전에 '아밀라아제'라는 일본식 발음을 썼으나 이제는 '아밀레이스'라고 영어 발음으로 바뀌었다. 그래서 저자는 'tea pot'을 '티팟', 'cake'는 '케익'으로 쓰기로 하였다.

그런데 추천사를 써주신 한국차학회 편집위원장님인 고연미 박사가 원고를 읽고서 몇 가지 조언(여러 가지 도움을 주신 고 박사님께 이 자리를 빌려 다시 감사의 마음을 전한다)을 해 주신 내용 중 '티팟'은 영어의 국문표기법에 맞지 않으니 '티포트'로 하라고 했다. 다른 책에도 티포트로 되어 있는 곳이 많은데 그분들이 영어 발음을 몰라서 그렇게 쓴 것이 아니라는 것을 깨닫게 되었다.

## 감사의 인사

이 책이 나오기까지 고마운 사람들이 너무 많다. 누군가의 도움을 받지 않으면 무슨 일을 제대로 할 수 없다는 것을 깨닫는 시간이었다.

### 한국차학회분들

학회 회장 출신으로 구성된 원로회의의 존경하는 모든 분께서 언제나 든든한 버팀목이 되어 주신 점에 감사드린다. 같이 학회 활동을 하는 분들 중 고연미 박사님, 임창숙 박사님은 필자가 학회장을 했을 때도 도움을 많이 주셨고 다양한 홍차 분석 시료를 제공해주셨다. 최고 홍차인 다즐링을 인도에서 가져다준 오랜 친구 이순애 님, 차 시료와 예쁜 차도구를 제공해주기도 하고 늘 격려해주는 임영선 님, 최순애 님, 혜성 스님, 런던 여행에 동참해준 곽은정 교수님은 물론 일일이 이름을 거론하지는 않지만 알게 모르게 도움을 주신 학회의 많은 분께 감사드린다.

### 향미학 연구실 제자들

처음 부임하여 아무것도 준비되어 있지 않았던 곳에 향미학 실험실을 있게 하고 지속적으로 발전시켜올 수 있었던 것은 모두 제자들 덕분이라고 생각한다. 모든 향미학 출신 제자들이 예쁘고 자랑스럽다. 최근 홍차 실험 연구에 동참해준 대학원생 김태욱, 양동환, 백지현과 학부생 조진희, 김유선, 추화진은 특별히 이름을 불러주고 싶다. 학부 실습시간에도 다양한 홍차 음료를 만들어보았는데 이들은 차 전문가는 아니지만 관능검사를 하여 젊은이들이 느끼는 홍차에 대한 감각적 표현을 책에 많이 담을 수 있었다.

### 사랑하는 가족

항상 옆에서 그림자처럼 홍차를 품평해주고 사진 촬영에 도움을 주며 해외 현지와 여러 티룸에도 동행해주었을 뿐 아니라 원고 내용도 살펴봐준 짝지! 이런 인사에 멋쩍

어하여 학위논문에도, 이전에 책이 몇 권 출간될 때도 한 번도 고맙다는 인사말을 적지 못했는데 이 기회에 표현하고 싶다. 도리어 세계의 맛있는 차를 다양하게 마실 수 있어 행복하다고 말해준다. 큰딸 부부, 작은 딸은 여행지에서도 차류뿐 아니라 관련 제품들, 서적들을 사다주었다. 유학 기간을 빼고 늘 가까운 곳에 있으면서 직장생활을 하는 동생을 챙겨주신 형부와 언니 모두 사랑하고 늘 고맙게 생각한다.

### 그밖의 많은 분

먼저 향기로운 차를 생산하는 모든 분에게 고마움을 전한다. 시애틀 앤티크를 비롯해 뉴질랜드 컬렉션 죠이 님께는 앤티크에 대해 토론하며 도움을 많이 받았고 영국 런던에 계시는 친절한 사장님도 늘 생각이 난다. 카카오스토리나 앤티크 밴드에서 알게 된 차도구 판매처의 친절한 사장님들께도 감사드린다. 밴드의 여러 친구도 새로운 홍차 시료를 제공하거나 격려해주었으며 '택배 아저씨한테 음료수 챙기기'라는 '밴친' 님의 대문 글귀를 보고 필자(음료수를 드리고 있었지만)도 택배 아저씨의 노고를 한 번 더 생각하게 되었다. 이처럼 따뜻한 정이 있고 활력과 영감을 주는 온라인 친구들은 나의 차 생활을 더 즐겁게 해주는 새로운 친구들로 자리를 잡았다.

마지막으로《우리 차 세계의 차 바로 알고 마시기》,《전통차, 허브차 건강 완전정복》 등을 출판해주신 중앙생활사 대표님은 이번에도 이 책이 세상의 빛을 볼 수 있도록 흔쾌히 출판에 동의해주셨다. 편집부 직원 여러분의 노고에도 깊이 감사한다.

홍차의 맛과 향기가 잘 어울리는 날에

## 참고자료


1. 山田榮, 紅茶バイブル, ナツメ社, 東京, 2018.
2. 紅茶(世界のtea time) Cha Tea, 紅茶教室, 河出書房新社, 東京, 2017.
3. 機淵猛, 紅茶の教科書, 新星出版社, 東京, 2016.
4. 藤枝理子, もしも, ェリザベス女王のお茶會に招かれたら?, 淸流出版, 東京, 2015.
5. 仁位京子, 菓子, 紅茶, 英國物語, てらいんく, 東京, 2015.
6. 日本紅茶協會, 紅茶の大事典, 成美堂出版, 東京, 2013.
7. Omori T. Delicious tea, PHP visual books, 東京, 2010.
8. 小林公城, お茶に強くなる, 世界文化史, 東京, 2004.
9. 川上美智子, 茶の香りの硏究ノート, 光生館, 東京, 2000.
10. 赤星豪一, 香料の化學, 大日本圖書, 東京, 1983.
11. 藤巻正生, 香料の辭典, 朝倉書店, 東京, 1982.
12. 문기영, 《홍차수업》, 글항아리, 서울, 2015.
13. 정승호 감수, 《영국 찻잔의 역사》, 한국 티소믈리에 연구원, 서울, 2015.
14. 최성희, 《힐링라이프 키워드 우리차 세계의 차》, 중앙생활사, 서울, 2015.
15. 조용준, 《유럽 도자기 여행(서유럽편, 동유럽편, 북유럽편)》, ㈜도서출판 도도, 서울, 2014.
16. 정영숙 외, 《홍차 문화의 세계》, 티웰, 서울, 2010.
17. 진수수·임현정, 《녹차, 허브차, 한방차 54가지 무작정 따라하기》, 길벗, 서울, 2009.
18. 정혜정 편저, 《조리용어 사전》, 도서출판 효일, 서울, 2003.

**중앙생활사**는 건강한 생활, 행복한 삶을 일군다는 신념 아래 설립된 건강 · 실용서 전문 출판사로서
치열한 생존경쟁에 심신이 지친 현대인에게 건강과 생활의 지혜를 주는 책을 발간하고 있습니다.

**홍차의 비밀** : 세계의 홍차 향기를 찻잔에 담다

초판 1쇄 인쇄 | 2018년 11월 22일
초판 1쇄 발행 | 2018년 11월 27일

지은이 | 최성희(SungHee Choi)
펴낸이 | 최점옥(JeomOg Choi)
펴낸곳 | 중앙생활사(Joongang Life Publishing Co.)

대　　표 | 김용주
책임편집 | 이상희
본문디자인 | 박근영

출력 | 케이피알　종이 | 한솔PNS　인쇄 | 케이피알　제본 | 은정제책사

잘못된 책은 구입한 서점에서 교환해드립니다.
가격은 표지 뒷면에 있습니다.

ISBN 978-89-6141-225-4(03590)

등록 | 1999년 1월 16일 제2-2730호
주소 | ㊥04590 서울시 중구 다산로20길 5(신당4동 340-128) 중앙빌딩
전화 | (02)2253-4463(代)　팩스 | (02)2253-7988
홈페이지 | www.japub.co.kr　블로그 | http://blog.naver.com/japub
페이스북 | https://www.facebook.com/japub.co.kr　이메일 | japub@naver.com
♣ 중앙생활사는 중앙경제평론사 · 중앙에듀북스와 자매회사입니다.

※ 이 도서의 국립중앙도서관 출판시도서목록(CIP)은 서지정보유통지원시스템 홈페이지(http://seoji.nl.go.kr)와
국가자료공동목록시스템(http://www.nl.go.kr/kolisnet)에서 이용하실 수 있습니다.(CIP제어번호: CIP2018035700)